科学新知系列

可怕的科学
HORRIBLE SCIENCE

消逝的恐龙
DEAD DINOSAURS

〔英〕马丁·奥利弗 原著 〔英〕丹尼奥·波斯盖特 绘 盖志琨 常文昭 译

北京出版集团
北京少年儿童出版社

著作权合同登记号

图字:01-2009-4307

Text copyright © Martin Oliver，2000

Illustrations copyright © Daniel Postgate，2000

Cover illustration © Dave Smith，2010

Cover illustration reproduced by permission of Scholastic Ltd.

图书在版编目(CIP)数据

消逝的恐龙 /（英）奥利弗（Oliver，M.）原著；
（英）波斯盖特（Postgate，D.）绘；盖志琨，常文昭译.
—2 版 . —北京：北京少年儿童出版社，2010.1（2024.7重印）
（可怕的科学·科学新知系列）
ISBN 978-7-5301-2376-8

Ⅰ.①消… Ⅱ.①奥… ②波… ③盖… ④常… Ⅲ.①恐
龙—少年读物 Ⅳ.①Q915.864-49

中国版本图书馆 CIP 数据核字（2009）第 182683 号

可怕的科学·科学新知系列
消逝的恐龙
XIAOSHI DE KONGLONG
［英］马丁·奥利弗 原著
［英］丹尼奥·波斯盖特 绘
盖志琨 常文昭 译
*
北 京 出 版 集 团
北 京 少 年 儿 童 出 版 社 出版
（北京北三环中路6号）
邮政编码:100120
网 址：www . bph . com . cn
北 京 少 年 儿 童 出 版 社 发 行
新 华 书 店 经 销
三河市天润建兴印务有限公司印刷
*
787 毫米×1092 毫米 16 开本 8.25 印张 60 千字
2010 年 1 月第 2 版 2024 年 7 月第 52 次印刷
ISBN 978－7－5301－2376－8/N·164
定价：22.00 元
如有印装质量问题，由本社负责调换
质量监督电话：010－58572171

目 录

介 绍

不管你对恐龙拥有何种感情：狂热也好，恐惧也罢，你都无法拒绝这样一个事实：在很久很久以前，恐龙真的已经灭绝了，甚至比渡渡鸟灭绝的时间还要早。一切都已成为遥远的过去……

哈哈，我灭绝的时候你还没出世呢！

虽然恐龙在几千万年以前就灭绝了，但是人们对它们却一直保持着浓厚的兴趣。一提起恐龙，许多人就变得异常活跃，甚至狂热起来。真不明白，恐龙究竟具有什么样的魔力，竟能撩拨起人们内心如此的热爱与钟情呢？

一些人对于恐龙为什么会有如此庞大的身材百思不得其解。身高6米的霸王龙，可算是我们这个星球上生存过的最大的肉食性动物了；而以植物为食的超龙，身高竟然超过15米，如果它伸直那像蛇一样的脖子，完全可以透过5楼的窗户，把你在屋里的一举一动瞭望无遗（如果它们能活到现在的话）。

喂，付给我5美元，我就帮你把窗户舔干净。

1

　　另一个让人"痴迷"的原因恐怕就是恐龙那令人难以置信的奇特外形了，它们如此千姿百态，简直超乎人们的想象。你不妨闭上双眼，试着构思一种你所能想到的形状最为奇特的动物，然后，再和三角龙比较一下，怎么样？是不是感到有点逊色了呢？如果有一场"最奇怪的动物比赛"的话，那么，三角龙一定可以横扫千军，夺得冠军呢！

　　另外，还有一些人，因为发现了恐龙化石而变成了"恐龙狂"，甚至有人由此走上了专门研究恐龙的道路，致力于解开科学领域中最神秘的一个谜团——恐龙为什么会灭绝！其实，这并不难理解：试想一下，如果有一天，你真的也发现了恐龙化石，你是不是一样也会激动不已呢？且慢！这只是个前奏，当你绞尽脑汁地把这些化石碎块，一块一块地拼接到一起，最终推断出它究竟属于哪一种恐龙，并约略地了解到它们在远古如何生活时，你准会激动得发狂了！

　　伴随着对恐龙研究的不断深入，我们也有了更多的研究空间。那些天天靠"争论"恐龙为生的人，我们姑且叫他们古生物学家吧。其实，这个称呼可以送给任何一个研究化石的人！

　　古生物学家同时也是探险家、科学家，甚至是私人侦探，这听起来是不是很令你兴奋和神往呢？可如果你听到他们满嘴都是些拗口、难解的专业词汇时，我敢打赌，你再也兴奋不起来了。大多数古生物学家都是"双栖"专家，他们可能同时研究地质学（研究发现古代生物的岩石的科学）和动物学（研究现在的动物行为和骨骼的科学），甚至必要的时候，还需要再冠以"某某家"，才足以理解他们在研究些什么。

意思是：这是狮子，属于猫的同类。它是一种典型的四条腿的吃肉的动物。

意思是：这只狮子天天靠捕猎为生，当它看到我这个长着两条腿的人的时候，就再也不管旁边的那个吃草的小动物了。

看到它露出极适于切断肉类的门齿，并作势突袭，智人决定使用其移动的技巧。

意思是：看到那只狮子张着血盆大口，并准备要扑过来的样子，我决定还是赶快逃跑吧！

不必担心，只要你还没被那一串串冗长枯燥、令人头疼的专业词汇吓跑，相信你会很快"结识"那些曾经在我们的星球上走来走去、体形硕大、长相奇特的"怪物"，进入到一个曾经令你神往，却终究早已逝去的远古时代，这是一个充满了未解之谜、时刻面临着生死抉择的恐龙世界！

准备好了吗？一起去体验恐龙要面临的灾难和随时降临的生死抉择，甚至面对像粪便一样的遗物吧！至于恐龙是不是温血动物，它们是不是现在鸟类的祖先，那只有用你自己的聪明才智才能作出正确的判断了。当然，你也不妨当回恐龙侦探，以霸王龙为例，去测试你的朋友，看看他是否会被你难以置信的恐龙知识所考倒。总之，不管你发现的是恐龙的什么，那都将绝对引人注目，绝对让人兴奋，而且是绝对的酷——永远是最IN的！

序 曲

发现第一只恐龙

那么恐龙是怎么被发现的呢？又是谁在恐龙灭绝了数千万年之后，又让它们重新回到我们的生活里来的呢？为了得到这个问题的答案，还是让我们先回到1822年英格兰苏塞克斯郡那个宁静的乡下吧。

那时正是国王乔治四世在位。在他继位前9年，探险家约翰·伯克哈德就已经乘船沿着尼罗河顺流而下，把第一批欧洲人带到了埃及那片古老而神秘的土地上，在那里，他们发现了埃及法老们的众多奇迹。然而，1822年这个平和而宁静的春天，有一种比埃及法老更加古老的东西将带给人们更大的震撼。在过了6500万年之后，一个神秘的恐龙世界即将重见天日！

格丁·曼特尔医生正准备和妻子玛丽一起出诊，去看一位病人。当夫妻俩离开他们在刘易斯的家时，太阳才刚刚露出笑脸。他们要经过一段崎岖不平的小路前往库克菲尔德。玛丽饶有兴致地欣赏着美丽的田园风光，而她的丈夫却静静地望着远方出神。

"亲爱的，你还在想那本书吗？"玛丽问道。

曼特尔医生点了点头。

《南郡的化石》一直是他的骄傲和乐趣。他对化石一向很着迷，而且这些年来他也收集了不少的化石。写一本关于化石的书成了他最大的心愿，如今，他终于实现了。这本书花费了比他预计的要多得多的时间，妻子玛丽也津津乐道地帮他准备插图什么的。

"今天出诊千万别出什么差错。"他暗暗叮嘱自己。他甚至没有告诉玛丽，因为花了太多的时间在收集化石上面，以致他的医术都开始生疏了。曼特尔医生心里十分担心，不经意间，他们已经来到了病人家的门外。

"不和我一起进去吗？"曼特尔医生在台阶上问，"用不了多长时间的。"

玛丽摇了摇头。"我想出去走走，这么好的天气，憋在屋子里会很难受的。你放心，我不会走远的。"

她挥挥手，说了声"再见"，便欢快地走开了。置身野外，大口大口地呼吸新鲜的空气，玛丽觉得舒爽多了。然而，郊外的日头的确火辣，没有一丝的遮拦，没走多远，她就微微有些出

汗，于是，她放慢了步子，一边哼着小曲，一边欣赏着乡村的淳朴。大约走了几百米，她便转了弯。

不远处，一群修路工人正在施工，挡住了前面的去路。她小心翼翼地从旁边绕过，工人们停下手中的活，友好地向她微笑着。路边，堆着成堆的石头。

玛丽正打算继续往前走，忽然，她被某种异样的东西吸引住了。看，那是什么？在她的左边，有几块石头实在有点特别。在阳光的照射下，闪闪发光，而且形状也有点奇怪。

"我最好走近点看看。"她一边想着，一边弯下腰把它们挑拣出来，"我敢打赌，它们肯定是化石，"她自言自语道，"可我以前从来没见过这么怪异的化石，甚至在曼特尔的书里也没有提到过。"

她决定回去问问丈夫。玛丽收拾起这些奇怪的化石，朝病人家的房子快步走去，她难以抑制内心的激动，心怦怦直跳。当她回到原地，她丈夫已经在门口等她了。

曼特尔医生看到妻子朝他冲过来，以为出了什么大事，便焦急地问：

"喂，玛丽，我在这儿。怎么了？出什么大事了？"

"没什么，"她回答，"我在前面的工地上发现了一些东西，我想你会感兴趣的，看！"玛丽把那些奇怪的石头递给她丈夫。"我在前面的路边发现的，它们在那里堆了一堆。我想它们可能是化石，可我以前从来没看见过像这样的化石。"

"嗯，给我，我一看就知道它们是什么了。"曼特尔医生十分自信地把那些石头放在手里，仔细地打量起来。他的表情开始变得迷惑，他越看越激动，"你说的没错，亲爱的。多么伟大的发现啊！我竟然说不出它们是什么。你是在哪里找到的？"

玛丽用手指了指她发现化石的地方，曼特尔拉起玛丽就朝那里走去。一路上，曼特尔不停地观察这些奇怪的石头，还用手握着它们，对着阳光仔细看。它们到底来自什么生物呢？他实在是找不出任何一种可以解开这个秘密的答案。

很快，他们夫妻俩就来到了工地，找到了那堆石头。

"请原谅，"曼特尔问，"我可以和你们工头谈谈吗？"

一个大个子气喘吁吁地跑了过来，一边擦着额头的汗水，一边问："先生，我就是，有什么我可以效劳的吗？"

"嗯，我想知道这些石头是从哪里来的，是你们从这条路上挖出来的，还是从别的什么地方运来的呢？"

那个工头挠了挠头，说："它们是从附近的采石场运过来的，我们对它们的质量十分满意。"

"好极了，谢谢你。你可以告诉我怎么去那个采石场吗？"

弄清方向之后，夫妇俩就朝着采石场出发了。一个伟大的计划已经在曼特尔医生的脑子中诞生了，现在，他要把这份喜悦告诉他妻子，与她共同分享。"我们到了采石场以后，就让那里的工人帮我们一起找这些奇特的化石。如果我们真的还能找到更多的这样的化石的话，我就打算把它们带到专家那里鉴定一下。我有一种预感，一个让世界震惊的重大发现就要问世了，我们现在就站在它的边缘。今天，将是我们一生中最难忘的一天。"

曼特尔医生前一部分的计划实现了，在那个采石场，他的确发现了更多的化石标本。但是接下来又怎样了呢？你不妨猜猜看。

9

A. 曼特尔医生向那些专家们展示了这些化石，并声称它们是一种已经灭绝的巨大动物的化石。但是，没有人相信他，结果曼特尔医生放弃了他在化石方面的研究，而把精力都放在了医学上。若干年以后，当那些化石与他的其他化石收藏品被发现时，他的伟大发现才重见天日，得到人们广泛的认可。

一派胡言！

无稽之谈！

B. 专家们断然否认曼特尔医生的推论，但是曼特尔并没有放弃，最后他公布了这一发现，认为这些化石是类似于一种名叫鬣蜥的蜥蜴的牙齿。然而，这并没有给他带来财富和声誉。他的妻子离他而去，为了避免破产，他被迫卖掉了他收藏的化石。

化石

C. 专家们对曼特尔医生发现的化石印象很深，后来，在一个高层会议上，他们认定这些化石是一种巨大的鬣蜥的残余。曼特尔医生被看成是一位天才，在公共场合受到人们的尊敬，他很快变得富有起来。他放弃了医学而全身心地投入到研究化石的工作中去。

哈哈！

干得好！

答案

B。尽管专家们都不相信曼特尔医生的推断，然而，他仍然继续研究他新发现的化石。一次，他在皇家医学院的博物馆里偶遇了一位鬣蜥方面的专家，这使他认识到他的化石很像鬣蜥的牙齿，虽然它们要比以前发现的任何鬣蜥的牙齿都要大。这个新的证据使曼特尔的理论逐渐被人们接受。1825年，他发表了一个公开的声明来描述他所发现的一种新的巨大的爬行动物，他把这种动物命名为禽龙，因为它与鬣蜥的牙齿有关。从此，曼特尔医生对化石越来越着迷了。1852年，就在他第一次发现恐龙化石30年之后的那个春天，他孤独地离开了人世。

你知道吗？

　　格丁·曼特尔医生作为第一位发现恐龙化石的人而被永载史册，但是恐龙这个名字并不是由他命名的，而是著名的英格兰科学家理查德·欧文爵士在1841年7月30日的一个演讲上首先提出来的。那时，已经有很多的化石相继被发掘出来，欧文提出，在人类出现几千万年之前，曾经有一类已经灭绝了的爬行动物在我们的地球上生活过，他把这类动物叫做"恐龙"（dinosaur），在希腊语里就是"恐怖的蜥蜴"的意思。

第一批古生物学家

虽然曼特尔医生对化石的热衷帮助他发现了禽龙的化石，但是他却不是历史上的第一个古生物学家。在曼特尔医生发现恐龙化石前11年，莱姆里吉斯一个杂货店老板11岁的女儿玛丽·安宁，发现了一具鱼龙的骨架化石。鱼龙是侏罗纪时期一种生长在海洋中的大型爬行动物。

玛丽·安宁的神奇发现与其他发现一起，使古生物学在公众中迅速流传开来。随着越来越多的人加入到搜集化石的行列中去，越来越多的化石得以重见天日。这时，人们不禁开始思考一些问题，比如"它们的年代到底有多久"，"它们为什么看起来不像我们现在见到的其他动物"等。

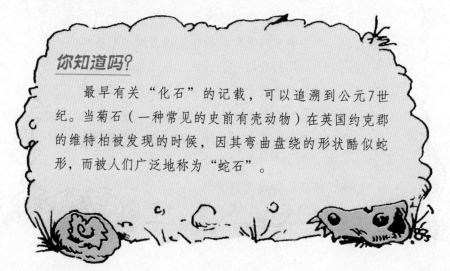

你知道吗?

最早有关"化石"的记载，可以追溯到公元7世纪。当菊石（一种常见的史前有壳动物）在英国约克郡的维特柏被发现的时候，因其弯曲盘绕的形状酷似蛇形，而被人们广泛地称为"蛇石"。

第一个问题

　　如今，如果你有关于恐龙或者有关地球生命的问题，会有满架子的书可以供你参考。但是如果回到19世纪早期的话，你却只有一本书可以参考——那就是《圣经》。那时，教会是欧洲最高权力机构，绝大部分人都是笃信《圣经》的。

　　《圣经》上说：上帝在圣日之前，用了6天的时间创造了天地万物，还有地球上一切的生命。不幸的是，人类对上帝的辛苦劳作并不是很感恩，他们开始行为不轨了。为了惩罚人类，上帝就发了一次大洪水，把所有的东西全都冲走了，除了诺亚和他的家人，以及诺亚方舟上的动物。当洪水退去之后，诺亚把他的方舟靠了岸，开始了新的生活——今天地球上所有的人和动物都是当年诺亚方舟上幸存者的后代。

　　人们相信这个版本的说法已经很多年了（而且现在仍然还有人相信）。但是，当地质学家们更加详细地审视我们所居住的地球和发掘出的化石时，他们提出了关于生命的新的理论。教会对那些"不同的声音"表现出很大的不满。这是很自然的事情，因为没有人喜欢被告知他们是错误的。不信，你可以试试你的老师！

帕金斯，你要到哪儿去？还有20分钟才下课呢！

那只是你的看法，根据我的关于时间的新理论，刚好应该下课了……

结果，一场激烈的论战在科学家和教会之间展开了。

这很简单——上帝创造了世界。你将发现现今的地形、地貌和所有的生物都是那场灾难性的大洪水造成的。

查尔斯·莱伊尔（1797—1895）在1831年辩驳这些观点时说：

我的观察证明：地表是在千万年的自然过程中逐渐形成的。风夷平了山峦，河流侵蚀形成山谷，火山爆发生成更大的火山，潮汐和海浪冲刷着悬崖，改变着海岸线。所以我认为根本就没有什么大洪水，地球比我们以前认为的要古老得多！

随着关于地球起源的新理论的产生，古生物学家们也对教会的解释产生了怀疑，那些化石究竟是由什么样的生物遗体演化而来的呢？

这些问题在当时一些最伟大的科学家的脑海中不停地闪烁着，他们开始付诸行动了。科学家把这些化石骨头和已知动物的骨头进行比较，提出新的观点来解释它们之间的差别。开始时犯了一些错误，但他们最终得到了……

接近真理的理论

拉马克（1744—1829），一个对动物有着浓厚兴趣的没落的法国贵族。他确信动物和植物的特征可以随着环境的变化而改变，然后把这些新获得的特征传递给它们的子孙后代。虽然拉马克的很多观点在今天被认为是不正确的，但是他是第一个提出动物可以进化，并能把进化获得的特征传递给下一代的人。他的理论，还有查尔斯·莱伊尔发表的那些书籍，为后来者铺平了道路……

15

相对正确的理论

1859年，查尔斯·达尔文（1809—1882）发表了《物种起源》一书。这是一个大的题目，但也包含了一个重大的观点。在对动物和植物细致观察的基础上，他的理论主要包括4个要点：

要点1：自然选择

达尔文意识到：自然界存在一种近乎残酷的选择机制——吃或者被吃——只有那些最聪明，最擅长奔跑，或者最能适应周围环境的动物，才能幸存下来。

要点2：相似但又不同

达尔文注意到：所有的动物生来就有一些特征，这些特征给了它们更好的生存机会。所以，擅于伪装的动物，逃脱捕食者的机会就比不擅于伪装的动物要大。

要点3：留下更多的后代

最适于生存的动物会尽可能地留下更多的后代。

要点4：变革性

通过自然选择，每一代中都包含了更加适应环境的个体。达尔文的理论很好地解释了为什么有些动物要随着时间的推移，不断地改变自己的外貌特征，而那些不能成功进化的动物就会被自然界无情地淘汰。

达尔文的理论是如此"革命性"的（而不是"演变性"的），所以它的公布不是花了一两年时间，而是用了整整20年。当时，它在世界范围造成了一次巨大的轰动。虽然直到今天还是有些人不相信他的理论，但是这个理论对研究恐龙却是非常重要的。当恐龙第一次被发现时，很多人都接受了教会的解释：恐龙是在那场大洪水前，生活在地球上的巨大的怪物。然而，在达尔文和其他一些科学先驱们的杰出工作之后，古生物学家开始用科学的方法来研究恐龙了。现在，他们相信：即使恐龙在统治这个地球的时候，也是在不断进化的。而且通过研究现代的动物，他们还知道了恐龙当初是怎样生活的。

你可能认为：经过了早期的一些分歧之后，科学家们是不是厌倦了彼此间的争论，而逐渐走向统一了？如果你真这样认为，那你就大错特错了！你很快就会发现：自从曼特尔医生发现了恐龙化石之后，争论一直很激烈，恐龙还是继续让古生物学家们发着疯。

恐龙时代

恐龙确实在很久很久以前的地球上存在过，关于它们最难想象的事情之一就是：它们到底是什么时候在我们的地球上生活过呢？试着回忆一下你在几年前发生的事情（比如你上次发了点小财是什么时间）。如果那是在两年前，再乘上3倍，再乘上1000，翻番，翻番，再翻番，你还是离它们很遥远。

实际上，最早的恐龙大约是在2.45亿年前出现的，它们在地球上生存了大约1.8亿年，然后在距今6500万年前，突然灭绝。我们可以这样想，如果我们把地球上从有生命开始到现在经过的时间压缩成一年，那么生命是从1月1日开始，恐龙就在12月5日出现在地球上，而在12月24日那天，突然灭绝了。我们人类是在12月31日的最后几分钟才姗姗来到这个世界上的。

把地球上有生命的时间看做一年

往前点！

1月 2月 3月 4月 5月 6月 7月 8月 9月 10月 11月 12月

在恐龙生活过的时代，地理、气候和地球上的植物都在不停地变化着，同时各种不同的恐龙也在不断地进化着，然后是灭绝和被新的物种取代。当然，古生物学家也不可能给出所有事件发生的具体时间，但是下面的几页，可以使你对恐龙所生活的时代有一个大致的了解。

三叠纪时代

时间: 2.5亿—2亿年前

新时代的曙光

欢迎来到三叠纪，它必定将是一个令人着迷的时代。我们预计将有重大的事件发生——恐龙就要来了，并且会取代较早的一些物种。

新生和灭亡

三叠纪早期

有一个好消息和一个坏消息要告诉大家。坏消息是我们不得不对兽孔类的爬行动物说再见了，这些多毛的、像哺乳动物的爬行动物灭绝了。好消息是，我们热烈欢迎我们的明星闪亮登场。它们是初龙，一群小的、像蜥蜴的爬行动物。

明星档案: 兔鳄龙

姓名: 兔鳄龙——一种比较典型的初龙家族的早期成员

体长: 30厘米

最喜欢的活动: 猎食

最喜欢的食物: 昆虫和幼虫

特点: 有值得骄傲的锋利的牙齿、修长的大腿和苗条的身材，是完美的速度型捕猎者

三叠纪中期

　　该是跟早期的初龙们说再见的时候了，此时我们将迎来一种新的动物，它们就是我们期待已久的超级巨星——恐龙。这些早期的恐龙大部分都是肉食者。

美味啊！

三叠纪晚期

　　欢迎最早的食草动物，或者说是吃草的恐龙，请看：

明星档案：始盗龙

　　姓　名：始盗龙——迄今为止发现的最早的恐龙之一

　　体　长：1米

　　爱　好：猎食

　　最喜欢的食物：小的爬行动物

　　特　点：是兔鳄龙的加强版，身材更大，速度更快，有更大的爪子和牙齿

明星档案：安琪龙

姓　名：安琪龙——一种早期的食草的恐龙

体　长：2.5米

最喜欢的食物：植物

特　点：以脖子长而著称。拥有粗壮的胳膊，拇指的爪长而弯曲，擅长从树林和灌木丛里寻找食物

三叠纪的趋势

"越大越好"看起来好像是恐龙们的座右铭。我们注意到：随着它们的不断进化，恐龙的个头儿也在不断地增长，而且这种趋势看起来并没有减慢下来的迹象。

天气预报

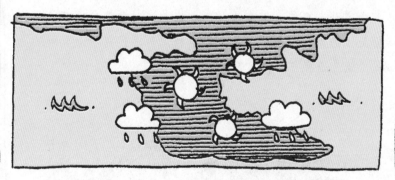

整个恐龙王国大部分地区的天气温暖湿润，清爽宜人。一股暖湿气流将从海上吹来，沿海地区可能会有阵雨，而内陆地区则仍然是闷热干燥天气。

旅行角

对那时的恐龙来说，周游世界是一件很容易的事情，因为当时地球上只有一块超级大陆（编者注：这块超级大陆后来被古生物学家称做"泛古陆"，意思是"所有的陆地"）。

旅行小常识——避开旅游危险地带

根据众多物种灭绝的经验教训，我们建议所有的恐龙应该避免到最近的旅游危险区——泛古陆的那个大沙漠地带去旅行。虽然没有人确切知道在那些灭绝了的动物们身上到底发生了什么事情（编者注：古生物学家们在那里发现了它们扭曲了的尸骨化石），但是据推测，干旱和突然而至的沙尘暴可能是杀害它们的元凶。

自然景色

我们非常高兴地把这幅图片介绍给大家。对所有的自然爱好者来说，这是一个反映三叠纪面貌的典型场景，在溪边和湖边，生长着蕨类植物，而高高的杉树和松树一类的裸子植物则在陆地上茁壮成长。

竞赛角

海龟　青蛙　〔像小鼠一样的〕小哺乳动物　蝾螈　软体动物

23

为什么不来和我们一起参加有趣的竞赛呢？——你能把上图中三叠纪时期一些其他动物的名字和它们的图片对号入座吗？

侏罗纪时代

时间：2亿—1.35亿年前

恐龙统治着地球

是的，它们是大家公认的领袖。侏罗纪时代，恐龙逐渐成为地球上最占优势的动物种群。它们比其他动物更能适应气候和地理上的一些变化，而且现在它们拥有了比以前更多的恐龙种类。整个侏罗纪真是一派繁荣昌盛的景象，但是这个兴旺发达的神话能持续下去吗？请看下面的内容。

新生和灭亡

侏罗纪早期

该是对地球上的那些食草的小型恐龙说再见的时候了，让我们向最早的大型蜥脚类恐龙问声好吧！我们同样也欢迎一些新的进化先锋，如莱索托龙和其他一些拖着两条鸟腿一样的小型恐龙。

侏罗纪中期

前面我们已经迎接了一些大型的食草恐龙，现在该是大型的食肉恐龙——兽脚类恐龙家族现身的时候了。

侏罗纪晚期

　　欢迎一些更大的食草动物！当梁龙开始灭绝的时候，它的位置开始被一些更大的动物所取代。这个时期，我们该欢迎剑龙登场了。

明星档案：梁龙

　　姓　名：梁龙——蜥脚类恐龙家族的一员

　　体　长：27米

　　最喜欢的活动：吃

　　最喜欢的食物：植物

　　特　点：四条腿走路，拖着长长的尾巴，它那长长的脖子，吃高树上的叶子最合适不过了

明星档案：异龙

　　姓名：异龙（意思就是怪异的爬行动物）——兽脚类恐龙家族的一个厉害角色

　　体长：11米

　　最喜欢的食物：大的食草恐龙，如剑龙

　　特点：长尾巴，强有力的四肢，巨大犀利的爪子

明星档案：腕龙

　　姓名：腕龙——一种巨大的蜥脚类恐龙

　　体长：23米

　　身高：12米

　　最喜欢的食物：植物

　　特点：绝无仅有的身材和重量。四肢行走，体重超过40吨（比一只现在的大象重8倍）

侏罗纪的趋势

　　毫无疑问，侏罗纪的恐龙还是在不停地长啊长啊。腕龙的大小足以让梁龙和其他前面介绍过的恐龙汗颜。

天气预报

大部分地区的天气仍然是温暖适中的。但是随着海洋不停地向海岸线侵蚀，并且迅速越过沙漠向内陆地区扩张，可以预计，在整个侏罗纪时代将会有更多的降雨。

旅行角

旅行看起来肯定要困难一些了，因为"泛古陆"已经分成了南北两块大陆（编者注：科学家后来称北面的那块为劳亚大陆，南面的那块为冈瓦纳大陆）。使旅行变得更为困难的是，爆发的火山喷出大量的岩浆，将部分的陆地吞没，而海洋还在向内陆推进，淹没了沙漠，产生了新的湖泊。恐龙不能到处走动，只能待在那片土生土长的土地上，试着去适应新的环境。

27

旅行小常识——小心黏滞的地带

　　如果可能的话，应该尽量避免掉进沥青坑里。一旦掉进去，任何的挣扎只会让恐龙们越陷越深！

自然景色

　　地球上开始有像马尾草之类的新植物，加入到蕨类植物和树木的行列中来，你可能认为食草动物会对这个消息很兴奋。但是事实上，当它们真的出现的时候，食草的恐龙们却不想发表任何的感想——只顾忙着自己先吃了！

竞赛角

你的眼睛有鹰的锐利吗？请你看看下面这些动物（它们可都是恐龙的邻居），你能认出多少？来，检验一下你的观察能力吧！

蜜蜂——这些小东西是在侏罗纪的晚期才开始在地球上嗡嗡地出现的。

像小鼠一样的小哺乳动物——小小的，浑身长满了绒毛，这些小精灵时而钻到地下，时而爬到地面上来。

蛇颈龙和鱼龙——这些海洋生物统治着水下世界。

翼龙——这些在空中飞来飞去的爬行动物，在这段时间里迷恋着空中这片广阔的世界。

白垩纪时代

时间：1.35亿—6500万年前

恐龙统治世界的神话还会持续多久呢？

答案也许是永远。从第一批恐龙的出现到现在，已经有1亿多年的时间了，而且它们还在不断地涌向这个星球。虽然有的种类开始灭绝，但是它们立即被更新的、更进步的种类所代替。我们完全有理由相信，恐龙的神奇传说还会继续不停地讲述下去。

白垩纪早期

到了跟那些巨大的蜥脚类恐龙说再见的时候了，快来和新出现的恐龙打声招呼吧！——这些新型的恐龙包括甲龙和禽龙，都是鸟脚类恐龙家族的一员。

明星档案：禽龙

姓名：禽龙

身高：9米

最喜欢的行为：成群结队的四处游荡

最喜欢的食物：植物

特点：两只脚走路，大个子，拇指上有钉刺，靠身高的优势来获取树木高处的叶子

白垩纪中期

包括角龙在内的新生恐龙登场了，但是随着更大、更壮、更凶残的食肉类恐龙的出现，对食草动物来说，日子就更难过了。这些食肉的家伙，像霸王龙和迅猛龙，分别是肉食龙和虚骨龙家族的成员。

白垩纪晚期

鸭嘴龙、肿头龙，以及角龙家族的新成员首次出现在这个星球上。

明星档案：霸王龙

姓 名：霸王龙

体 长：12米

最喜欢的行为：猎食

最喜欢的食物：禽龙和其他食草类恐龙

特 点：结实粗壮的脖子，巨大的锯齿状牙齿，可以轻而易举地撕下猎物骨头上的鲜肉，划破猎物的皮肤。但很奇怪的是，前肢却很小

来吧，伙计……看我怎么把你的脚指头咬下来！

31

明星档案：肿头龙

　　姓名：肿头龙

　　体长：8米

　　最喜欢的食物：植物

　　特点：有一块让人难以置信的厚厚的头骨，顶部突出，上面长有瘤子和棘，像肿瘤一般，是用来顶撞敌人的秘密武器，堪称最丑的恐龙

天气预报

还要再过1亿年，雨伞才能发明出来啊！

天气继续保持温暖，但是第一次出现了干季和湿季。

旅行角

　　由于又发生了很多新的变化，我们的旅行计划仍然处于取消状态。随着劳亚大陆进一步分裂成三个新大陆——东亚大陆、北美大陆和欧亚大陆，几块大陆仍持续不停地相互远离。另外，热带雨林开始出现，并渐渐覆盖全球。巨大山脉形成了，火山活动更加频繁。

　　我们建议取消所有不紧要的外出旅行，建议每一种恐龙都要在原地继续进化，以适应所处的环境。

旅行小常识——小心突如其来的洪水和火山

在北美大陆，突如其来的洪水夺走了大批食草动物的生命，出门旅行的恐龙应该警惕这个危险的信号，除非你们想在几千万年后重新被发现的时候，是一堆乱七八糟的骨头。

对奔跑速度快的恐龙来说，也许可以躲过奔流的火山岩浆，但是火山喷发产生的一种看不见摸不着的有毒气体，同样是致命的。所以我们建议，离火山远点为妙。

自然景色

随着第一批开花植物出现在地球上，对植物爱好者来说，到处都是有关开花植物的精彩报道。

竞赛角

这两幅图画，画的是白垩纪时期的两个几乎一模一样的场景，但是我们把其中一幅的一些动物给去掉了。你能看出两幅图画的不同之处，并且找出缺少了哪些动物吗？

34

答案

1. 这个时期，蛇开始出现了。

2. 有史以来最大的翼龙——披羽蛇翼龙在空中翱翔。

3. 巨大的像鳄一样的沧龙和伸着长脖子的蛇颈龙在海中游弋。

4. 哺乳动物还是很小。小鼠一样的小哺乳动物，主要还是在晚上偷偷出来活动。

终极发布会

时间：6500万年前

恐龙灭绝了！

恐龙在地球上东方不败的神话破灭了！在延续了上亿年的统治之后，所有的恐龙都突然灭绝了。

巨变之后的幸存者（包括哺乳动物、鸟类和海龟类）都不能解释这个谜。"刚才还在这儿，怎么接下来的几千年里，突然就不见了呢！"是关于这一事件的典型的说法。

我们的记者们正在全力调查这次恐怖事件的背后原因，希望在后续的报道中给您带来新的消息。

神话般的家族

你通常是怎样描述一个典型的科学家的？如果你不知道的话，那就想想你的科学老师吧！他是不是有点神经质、健忘、不修边幅？实际上，大多数科学家外表上看来往往都是不讲条理的，但是他们却都有一个共同的特点——有一个思维缜密的大脑。

当他们意识到恐龙并不是什么怪物的时候，就开始着手用科学的方法去研究它们，这时科学家们遇到了一个很大的难题——如何依据一些共有的特征，把恐龙划分到各个家族里去？如果你曾经试着把你自己家族的族谱整理一下，你就会知道那会有多么的困难——试想：如果试着为已经灭绝了几千万年的恐龙家族去整理族谱，是不是更难？

当然，把某些恐龙和它们的近亲归在一起还是一件比较简单的事情，但是要找出他们与其他恐龙的亲缘关系就困难得多了。踝龙属的恐龙是一种巨大的四条腿走路的恐龙，在以前曾经被不同的古生物学家分别划分到了甲龙类、剑龙类和鸟脚类等不同的恐龙家族里。

经过广泛的讨论，古生物学家最终达成一致：恐龙可以分成以下几个家族。但是也极有可能在地下某处，或者某个角落里，突然冒出一种全新类型的恐龙，而把原来所有的分类全部推翻。

最早的恐龙

故事开始于三叠纪早期的**槽齿类爬行动物**（见第19页兔鳄龙的档案）。这些动物是恐龙进化的先驱者，通过研究，古生物学家们发现可以按照它们髋骨的形状划分出不同种类的恐龙。

一类有类似于爬行动物的髋骨，被命名为**蜥臀类恐龙**。另一类的髋骨则类似于鸟类，被命名为**鸟臀类恐龙**。很简单，是不是？那么，很好！

蜥臀类恐龙又进一步被分成两类——**兽脚类**和**蜥脚类**。还跟得上，是吧？那就让我们先看看兽脚类的恐龙吧！

兽脚类恐龙

你一定不想被这类恐龙的爪子抓到，因为兽脚类恐龙是最早的食肉恐龙。它们可以两腿直立走路，并追捕猎物；锋利的牙齿和爪子，可以很容易地撕开猎物。异龙就是一种典型的兽脚类恐龙，它有着11米高、几吨重的庞大身躯。

第二代恐龙

经过几千万年的进化，兽脚类恐龙又开始分道扬镳，进化出了两种改进型——**肉食龙和虚骨龙**。

肉食龙（意思是"食肉的蜥蜴"），向着体形增大、力量增强的方向发展。它们还是用两条腿走路，而且也喜欢吃肉，但是却比它们的祖先更庞大，更强壮。14米长、6吨多重的霸王龙，就是属于肉食龙家族里的成员。

虚骨龙则向着一条完全不同的路线发展进化。它们体形小，而且轻盈，行动敏捷，奔跑迅速，仍然保留了锋利的牙齿和尖锐的爪子。美颌龙的大小和一只猫不相上下。身为杀手的恐爪龙和迅猛龙，是美颌龙的近亲，也属于虚骨龙类。

蜥脚类恐龙

蜥脚类恐龙有着和兽脚类恐龙一样的髋骨，但是在其他方面，它们却几乎完全不一样。蜥脚类恐龙是典型的素食主义者，或者说它们是以吃草为生的。它们用四肢走路，而且自认为高个子是一种美丽的时尚，一个个都长得人高马大的。梁龙、超龙和腕龙都是蜥脚类恐龙家族体形庞大的成员。

你好啊，小不点儿！

鸟臀类恐龙

在鸟臀类恐龙这边，古生物学家又把这些最普通不过的恐龙分到了6个不同的家族里。准备好了吗？走，让我们看看去！

鸟脚类恐龙有着一些共同的特征：它们都是用两个后肢站着走路，并且都是素食主义者。之所以称鸟脚类，是因为它们都具有鸟一样的喙和后肢。禽龙，这个由格丁·曼特尔医生最先发现的恐龙，就属于鸟脚类恐龙。

鸭嘴龙也是典型的食草动物，但它们却比鸟脚类恐龙更大。这个家族里的成员都有一张跟鸭嘴兽似的嘴和巨大的头冠。

给**肿头龙**分类不会让古生物学家们太伤脑筋。这些巨大的两条腿走路的食草动物，向来是以大头而著称的，这倒不是因为它们笨，而是因为它们有着硕大的厚厚的头骨。

剑龙家族的成员也是非常惹人注目的，它们的背上都背着厚厚的骨板或刺。它们脑袋很小，用四条腿走路。家族成员包括肯氏龙。

恐龙爱好者可以不费吹灰之力就能认出**甲龙**家族的成员。这些成员的身上，都披着厚厚的坚硬的骨板，使它们赢得了"爬行坦克"的美誉。它们也是用四条腿走路，后面拖着一条长长的、尖尖的、钢鞭一样的尾巴。

角龙可以算是恐龙世界里最后的淘金者了，因为它们是最后一批来到地球上的。它们用四条腿走路，头上有大角和巨大的像"围脖儿"一样的褶皱。尽管它们看起来很凶残，但这些丑陋的大家伙们却个个都是食草的。

令人头疼的学名

在把恐龙分到各个家族里以后，科学家们又开始做进一步的整理工作。每一种恐龙的名字，它们到底是怎么来的呢？

给任何动物或植物命名都是一件很严肃的事情，需要遵循严格的命名法规。这套风靡全球的命名法规，是由著名的瑞典动物学家——卡尔·林奈（1707—1778）发明的。依据这套法规，每一种恐龙都被赋予了一个包含两个词的学名，比如：霸王龙的学名是Tyrannosaurus rex。

第一个词描述的是动物所在的属，第二个词描述的是动物所在的种，即一个动物的学名，是由它的属名和种名两部分组成的。这就是有名的"双名法"命名法规。为了说明这些动物到底是怎么命名的，还是让我们先比较一下霸王龙和家猫吧。

家猫的学名：Felis domesticus

科：Felidae

属：Felis

种：domesticus

霸王龙的学名：Tyrannosaurus rex

科：Carnosauria

属：Tyrannosaurus

种：rex

看懂了吗？是不是很令人头疼？

一个动物的学名，通常都是由第一个发现该动物，并描述其特征的科学家来命名的。这听起来很简单，但是有时为了抢夺对一个新物种的发现权，很多早期的古生物学家们在没有弄清楚是否已经有人发现并命名了该物种之前，就匆匆地对同一物种进行了重复命名。

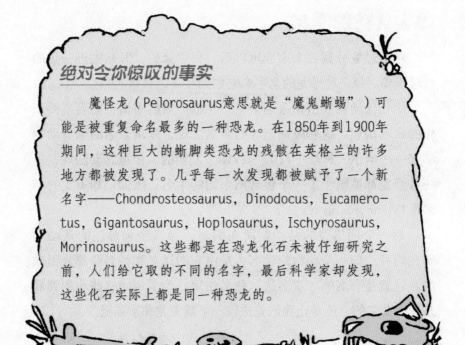

绝对令你惊叹的事实

魔怪龙（Pelorosaurus意思就是"魔鬼蜥蜴"）可能是被重复命名最多的一种恐龙。在1850年到1900年期间，这种巨大的蜥脚类恐龙的残骸在英格兰的许多地方都被发现了。几乎每一次发现都被赋予了一个新名字——Chondrosteosaurus, Dinodocus, Eucamerotus, Gigantosaurus, Hoplosaurus, Ischyrosaurus, Morinosaurus。这些都是在恐龙化石未被仔细研究之前，人们给它取的不同的名字，最后科学家却发现，这些化石实际上都是同一种恐龙的。

学名里都包含什么

恐龙被赋予一个拉丁文的学名，倒不是因为这些拉丁文名称冗长而且难于拼写，而是因为拉丁文是科学家命名时必须使用的标准语言。

当涉及给他们的发现命名的时候，大多数的古生物学家是不会胡来的，而是趋向于遵守下面的两条规则：

1. 给恐龙起的名字要能反映出它们的外貌特征。如，Triceratops（三角龙）在拉丁文里就是"三角脸"的意思。

2. 常常以恐龙的发现地来命名。你能猜出食草的Muttaburrasaurus（木塔布拉龙）是在哪里发现的吗？是的，它就是在澳大利亚昆士兰的木塔布拉（Muttaburra）发现的。

但是在某些特定的情况下，有时也可以不遵守这些规则。你能把下面这些恐龙特殊的名字和它们获此殊名的原因搭配好吗？

1. Tianchisaurus nedegoapeferima（明星天池龙）

2. Diplodocus carnegii（卡内基梁龙）

3. Gasosaurus（气龙）

4. Austrosaurus mckillopi（麦可考普澳洲龙）

A. 以发现恐龙化石地点的所有者的名字命名。

B. 以一个对古生物学有特殊贡献的产业来命名。

C. 以一个资助挖掘该恐龙化石的人的名字命名。

D. 为了表彰一位非常有名的电影导演而命名。

答案

1. D。电影《侏罗纪公园》的著名导演斯蒂芬·斯皮尔伯格为中国的古生物事业捐赠了上千万美元。为了纪念他，这个甲龙家族成员的名字便以这部电影明星的姓的前两个字母组合而成。

啊？你竟然敢叫我老恐龙？

2. C。安德鲁·卡内基是一个亿万富翁，同时也是恐龙爱好者，他为很多恐龙化石的发掘予以赞助，卡内基梁龙，就是以他的名字来命名的。而他妻子的名字也使发现阿普吐龙的古生物学家们产生过灵感。

3. B。气龙是一种4米长的食肉动物，它是1985年天然气工业向古生物学事业捐助了大量资金之后，在中国发现并于1985年被命名的。

4. A。麦可考普先生是一位澳大利亚的大农场主，是他允许古生物学家在他家的农场中挖掘恐龙化石的。麦可考普澳洲龙便由此而得名。

奇妙的化石

即使你并不聪明过人，你也会意识到这样一个问题——人们到底是怎么了解那些在几千万年以前就已经灭亡了的动物的呢？

当然，答案就藏在化石里面。在一般人的眼里，化石看起来只不过是一堆古老的石头而已——但它们却真的很奇妙。如果没有它们，恐怕永远都无人知道恐龙曾经在我们的星球上生存过。

奇妙化石小档案

1. 化石（fossil）一词是来自拉丁文的"fossilis"，它的原意是"挖出、发现"的意思。

2. 恐龙化石真的没什么新鲜的——它们早已经出现几百年了。但是在古生物学家还没弄清化石的来龙去脉之前，没人知道他们发现的到底是些什么。

3. 古老的中国医书里很早就提到"龙齿"和"龙蛋"，现在基本可以确定它们是恐龙化石，而关于澳洲"鸵鸟人"的古老传说，则是从澳大利亚岩石中发现的三趾足印演变而来的。

45

在欧洲，大块的化石曾被认为是独角兽的遗骸。所以1677年，当一块斑龙的大腿骨在英格兰被发现的时候，便产生了一些十分夸张离奇的神话故事。后来，有人把这块骨头拿给罗伯特·普劳特鉴定，尽管他当时已是牛津大学的知名教授，但还是说不出个所以然来。普劳特教授开始说它是来自一头大象，后来又断定它是一个巨人的骨头。

奇妙化石的形成

当然，我们现在知道了，化石是来自很久很久以前地球上生活过的动物，而且我们也知道了更多关于化石是怎么形成的知识。在大多数的情况下，形成一块化石也并不是一件特别难的事情，就是需要的时间太漫长了。

步骤1. 准备一具死掉的恐龙的尸体，然后把它放在沙子或泥土上。

步骤2. 让食腐动物、风和雨，把尸体腐烂掉，直到只剩下了恐龙的骨架。

步骤3. 用泥土或沙子盖住裸露的骨头。在骨头上面一层一层地添加泥土或沙子，然后往上滴水，让水充分渗透到整个盖层。

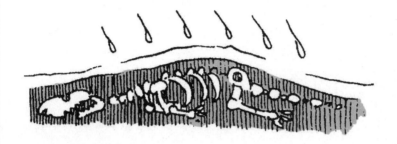

这个过程需要足够的时间，大概是7000万年比较理想。在这段时间里，水里的矿物质就会渗透到那些骨头的细小空间里，把它们逐渐变成了化石。不必担心矿物质会分解骨头，即使真的发生了，还会有骨头的空壳或模子留下来，我们可以通过添加石膏来复原骨头的原貌。

注意

在那些骨头形成化石之前，千万不要轻易暴露它们。因为它们随时可能被冲走或者被风化成尘埃。

步骤4. 一旦这些骨头变成了化石之后，在接下来的几百万年里，再让风吹雨淋慢慢地侵蚀掉覆盖在上面的一层层的泥土、沙子和岩石，使下面的化石重新露出地面。

裸露的骨头

　　骨头是身体中最硬的部分之一，这就是为什么恐龙的骨头（还有牙齿和爪子）是我们最常见的化石的原因。你可能认为：单单一块骨头不可能告诉你太多关于恐龙生活的事情，但是你错了，实际上它们能揭示出一些绝对让人惊叹的秘密来。

绝对令你惊叹的事实1

　　恐龙其实并不都像那些好莱坞电影导演们想象的那么健壮。通过对恐龙化石的研究，科学家发现恐龙也会得像关节炎、肿瘤和细菌感染一类的疾病。虽然这些并不一定能直接置恐龙于死地，但是任何一只因疾病而步履蹒跚的恐龙，都可能被食肉恐龙吃掉，而过早地结束自己的生命。

绝对令你惊叹的事实2

　　古生物学家惊奇地发现：很多恐龙在活着的时候经常骨折。最终，他们得出结论：骨折不是行动笨拙造成的，而是因为打架斗殴。就像现在的动物一样，恐龙之间也可能互相争斗，甚至还和别的动物打架。

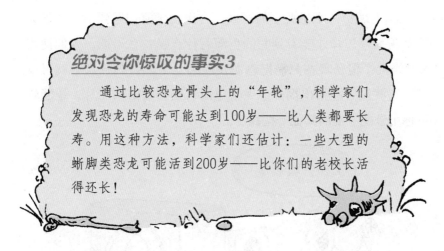

绝对令你惊叹的事实3

通过比较恐龙骨头上的"年轮"，科学家们发现恐龙的寿命可能达到100岁——比人类都要长寿。用这种方法，科学家们还估计：一些大型的蜥脚类恐龙可能活到200岁——比你们的老校长活得还长！

令人着迷的遗迹化石

古生物学家不仅仅对恐龙的骨头化石感兴趣，事实上，关于恐龙的任何一点蛛丝马迹，都是令人着迷的。如果发现了恐龙的脚印、恐龙蛋甚至是它们的粪便，他们同样会激动得跳起来——他们大概连这些东西的名字都想好了。下面你能把古生物学家取的名字和那些让人着迷的遗迹化石搭配起来吗？

1. 恐龙蛋
2. 恐龙粪便
3. 形成化石的恐龙足印

A 足迹化石
B 鲕粒化石
C 粪化石

49

答案

1.B；2.C；3.A

1. 发现第一个恐龙蛋的时候，古生物学家们遇到了一个很大的难题——怎样才能看到它的里面有什么呢？在早期，人们使用X射线机，但是现在只需把恐龙蛋放到一个CAT扫描仪上就可以了。这些设备能给出揭开恐龙蛋里所有秘密的清晰照片，还能告诉你小恐龙宝宝的其他一些秘密。

借助于CAT扫描仪的帮助，科学家已经发现了很多关于恐龙蛋中的小恐龙宝宝的秘密。在很多方面，它就像我们人类的小孩一样——爱吵闹，脏兮兮，还有点臭味——但是也还有许多不同的地方。

你知道吗?

1. 刚刚出生的小恐龙甚至比我们人类刚出生的婴儿看起来还有趣。相对于全身来说，它们的头和眼睛看起来很大，而它们的四肢、脖子和尾巴很短。

2. 小恐龙们都知道：如果它们不赶快使劲长的话，就会有很大的麻烦在等着它们——实际上，它们很快就都长成了庞然大物。鼠龙刚出生的时候差不多只有28厘米，但是当它长大了，身长会是现在的150倍。如果你的小弟弟或小妹妹也以这个速度成长的话，他们差不多会有60米高。

2. 你可能认为：恐龙的粪化石看起来只不过是一堆令人讨厌的废物。但是，古生物学家却迫不及待地把那些粪便捧在手心里。通过对这些腐臭的遗物化石的近距离观察，科学家们可以推算出恐龙肠子的大小、它们最喜欢吃的食物等。

在弄脏他们的手之前，古生物学家要先用盐酸给这些恐龙粪便化石洗个淋浴澡。盐酸会慢慢地溶解掉包围在粪便周围的岩石和矿物，在去掉了这层坚硬的外壳之后，恐龙吃过的食物，才会逐渐地显露出"庐山真面目"来。

对那些腐蚀下来的外层碎片，放在显微镜下进行观察，古生物学家还可以看出那只恐龙最后的晚餐吃的是什么。有时候，结果是令人惊讶的，基本可以确定：大多数恐龙吃起东西来常常都是饥不择食，狼吞虎咽。

几千万年前的
老菜谱

老树根
植物种子
树枝
木头
石子

3. 石化了的足印也可以揭示出有关恐龙的很多难以置信的信息，通过下面一步步的研究，你很快就会有所发现。

步骤 1. 恐龙有几只脚？ 一只恐龙留下的脚印的数量可以告诉古生物学家这只恐龙是两条腿走路，还是四条腿走路。

> 看！脚印……我敢说这是一只用两条腿走路的动物。

步骤 2. 数一数脚印的数量。大批相似的恐龙脚印则表示是大群恐龙在结伴而行。

> 我敢说，这些恐龙是结伴而行的。

步骤 3. 量一量这些脚印之间的距离，从中你可以知道这些恐龙的行走速度。

> 大概是步行的速度。

步骤4. 识别鉴定。仔细观察这些脚印，看看它们是否和某种已知动物的爪子或脚印相吻合。

你能告诉我，这是什么动物的脚印吗？

当然可以，这是一个笨头笨脑的恐龙猎人的脚印。

你知道吗？

通过研究恐龙的脚印化石，古生物学家推算出了一些恐龙的奔跑速度，它们居然可以快到令你瞠目结舌的程度。作为恐龙中最主要的种类之一，异龙算是恐龙家族中跑得最快的成员了。据估计，这种食肉的小型恐龙的奔跑速度可以达到每小时40千米。也就是说，在跑步比赛中，异龙可以轻松地打败世界上跑得最快的人。

带鳞的皮肤

恐龙留下来的最稀少的遗迹化石之一，是石化了的恐龙肉或者一片有鳞的皮肤的痕迹。当死去的恐龙的皮肤开始腐烂时，它的印痕便留在了岩石表面，通过石化形成了化石。不幸的是，虽然从这些印痕化石中可以看出，恐龙的皮肤是坚硬而且有鳞的，但是却没有人可以肯定地说出恐龙到底是什么颜色的，或者它们身上的斑纹是什么样的。科学家们所能得出的最好的结论是：对恐龙来说，最成功的生存策略，就是和它们周围环境的颜色保持相近，所以它们最可能的颜色应该是伪装色。

53

令人惊异的始祖鸟

印痕化石理所当然地给古生物学家们留下了深刻的印象，但当它们与始祖鸟骨架一起被发现的时候，绝对令古生物学家终生难忘。这只怪异"恐龙"的发现，直接导致了一场有史以来古生物界最激烈的辩论。

始祖鸟是什么时候被发现的？第一个始祖鸟骨架化石，是1861年在德国的一个采石场发现的。

它最令人吃惊的地方是什么？这个新发现向我们展示了一个保存完美、石化特别的完整印痕。其特别之处在于：覆盖在始祖鸟表面的不是有鳞的皮肤，而是美丽的羽毛！

人们为什么会对始祖鸟争论不休？在发现始祖鸟以前，从来没有人认为恐龙会长有美丽的羽毛。

我想你一定会说：古生物学家一定为这个新发现而高兴得发狂。猜得不错，但遗憾的是，事实并不是那样。

为什么不是呢？因为当始祖鸟被仔细地研究了之后，它向人们展现了一些令人难以置信的事实。

比如，虽然始祖鸟有一身像鸟一样漂亮的羽毛，但是它的骨骼结构却和美颌龙等一些小型的恐龙非常的相似，另外它还具有爬行动物的其他一些特征，比如，长长的尾骨和前肢上还带有爪子。

这到底意味着什么？科学家们最终得出的结论是：始祖鸟是一种半鸟半爬行动物的怪异恐龙。

这个发现这么特别吗？那当然。因为始祖鸟既有恐龙一样的骨骼，又有鸟一样的美丽羽毛，于是科学家们提出：始祖鸟代表了从恐龙到现生鸟类进化链条上的一个缺失环节。

这一切到底是怎么发生的呢？嗯，原理就在于：早期的鸟类和小型的食肉的恐龙，如美颌龙，有着几乎一样的骨骼结构。经过几千万年的进化，羽毛从鳞片中进化衍生出来，随后恐龙的牙齿和前肢上带爪的指头都逐渐消失了。恐龙坚固密实的骨头也开始变得中空，前肢逐渐地变成了翅膀，到最后，它终于可以飞起来了。

55

我明白了。那么这又有什么重要的？问得很好。如果现生的鸟类真的是从恐龙进化而来的，那么我们可以推测：鸟类和恐龙很可能共有一些相似的特征。

你能给我举个例子吗？对初学者来说，这里有两个很好的例子。因为现生的鸟类都是温血动物，而且行动速度都很快，所以我们就可以推想：恐龙很可能也是这样的。

好了，我现在明白了。那么始祖鸟的发现是不是确定无疑地证明了恐龙和鸟类有着很近的亲缘关系？这一结论是否让所有人都感到高兴？很遗憾地告诉你，不是那样的。科学家在始祖鸟的问题上，有着很多不同的观点。

那么继续吧！一个科学家简单地解释道：始祖鸟只不过是一只畸形的鸟。

我想一定会有些聪明的人能把这个观点驳倒。你猜对了。一位目光敏锐的古生物学家找出了这个理论难以解释的现象，他指出，在始祖鸟的嘴里有一组牙齿——这显然是爬行动物的特征，而不是鸟类的。

这个走运的恶棍！

但这并不能阻止别人进行其他的尝试吧？恭喜你，又答对了。安德里亚斯·瓦格纳声称始祖鸟只不过是一种独立进化出羽毛的爬行动物。

听起来有点牵强！他的下一步解释就更加牵强了。他甚至还试图把始祖鸟的名字改一下，说应该叫"格里芬龙"。格里芬龙是传说中的一个怪兽，长有鹰头狮身，并有翅膀。

说的已经够多了。难道就再也没有人对始祖鸟提出异议了吗？当然有。佛莱德·豪尔爵士认为，始祖鸟是个纯属捏造的赝品。

什么？你是说伪造化石吗？是的。他声称科学家们弄了一块假化石来证明进化论的正确性。

假的!

我从来没有被这样羞辱过。

骗子!

我敢打赌这次肯定让佛莱德·豪尔先生很快就名扬四海了。不好意思，恐怕你错了。这位教授因为这个说法而遭到了人们的谩骂和攻击。有一次，他在伦敦的皇家学院里演讲，甚至不得不请特别的部门来保护他。

那么他的提议到底怎么样了？经过各种测试，最后证明那块化石是真的。

但是那些测试就不会有什么问题吗？随后又有5块更完整的始祖鸟化石被发现，这也就不成什么问题了。

那么现在怎么样呢？到目前为止，再也没有人真正地反对这个理论了，但是，你永远不知道明天会有什么事情发生。

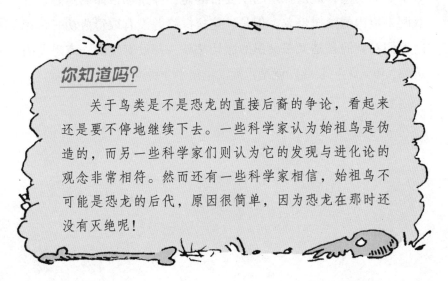

你知道吗?

关于鸟类是不是恐龙的直接后裔的争论，看起来还是要不停地继续下去。一些科学家认为始祖鸟是伪造的，而另一些科学家们则认为它的发现与进化论的观念非常相符。然而还有一些科学家相信，始祖鸟不可能是恐龙的后代，原因很简单，因为恐龙在那时还没有灭绝呢！

57

到目前为止，还没有发现哪一种恐龙能够幸存到今天。但是，这并不能阻止人们寻找恐龙的热情。特别对于寻找幸存的恐龙和其他神秘生物的活动，有人还起了一个好听的名字：神秘生命学。这些人认为：英格兰、挪威和亚洲神话里的龙，就是恐龙在白垩纪末期那次大规模灭绝事件中幸存下来的证据。目前，神秘生命探险学家研究得最多的就是：海里的海蛇和一些据说出现于湖中的大型水生生物。有些人认为：这些生物可能是蛇颈龙，由于它们生活在又深又冷的水下，才得以从恐龙时代幸存下来。

嘿！

我们都曾经听说过"尼斯湖水怪"的故事，但是"尼斯湖水怪"可能在全世界都有它的兄弟姐妹，包括美国、俄罗斯，甚至非洲的一些湖泊。1990年，英格兰探险家雷蒙德·欧汉伦组织了一次非洲历险，此次探险的主要目的是：穿过热带原始丛林，寻找刚果境内的湖居恐龙。但是，这次探险并没有取得成功——探险者们看到的只是又深又黑的原始丛林，却没有发现一点恐龙的迹象，唯一的"收获"就是：欧汉伦得了一种叫做疟疾的疾病。

不可思议的食物

恐龙的饮食

让你最好的朋友张开嘴巴，你看到了什么？你一定看到了他满口的牙齿，其中有一些是尖的，因为那是用来撕肉的，还有一些牙齿的顶部是平的，那是用来咀嚼蔬菜等绿色植物的。我们人类属于杂食动物（意思是说我们不但吃肉，也吃植物），我们的牙齿也就相应地依据我们杂食的特点而进化。但是，恐龙却分成两种完全不同的类型——食肉类（只吃肉的恐龙）和食草类（光吃植物的恐龙）——它们牙齿的特点也就相应地适应了它们的饮食结构。

幸运的是，牙齿是恐龙身体中最硬的部分之一，这样，石化了的牙齿就很容易被发现。所以恐龙牙齿也就成了人们研究的热点，并常常会获得丰厚的回报，这就为我们更好地了解恐龙的饮食习惯，大开方便之门。

59

牙齿小测验

当我们需要判断某种恐龙是温驯的食草动物，还是凶残的食肉动物时，恐龙的牙齿就起着举足轻重的作用了。欢迎你来参加下面关于恐龙牙齿的小测验，看看你的反应有多快！试着想象一下：你现在已经通过时光隧道，来到了一个真实的恐龙世界。记住！这次小测验对你可是性命攸关的哟！

一只巨大的恐龙出现了，它在慢慢地向你靠过来。它张着大嘴，露出满嘴上百颗的牙齿。你是选择留下来数一数它有多少颗牙，还是赶紧撒腿向那边的小山上逃跑呢？

答案：如果你愿意待在那里数牙齿，我会告诉你：你很安全。一些食草型的恐龙常常有上百颗牙齿，用来咀嚼、磨碎植物。当埃德蒙顿龙咧嘴笑的时候，就会露出1000多颗牙齿。

几分钟以后，你又捡到一颗牙齿，这颗牙齿向后弯着，就像一把锋利的匕首。它是刚刚从附近一只恐龙的嘴里掉下来的。你是继续待在那里不动呢，还是脚底抹油，赶快溜之大吉呢？

答案：如果你不很了解这些弯曲的牙齿，那么你将会处于一种非常危险的境地。像异龙一类的食肉动物，大多都有60多颗弯曲的牙齿，这些牙齿是专门撕肉的。

另一只庞然大物出现了。它张着血盆大嘴，前面露出一小排像铅笔一样尖锐的牙齿。那么这次你面对的是一只食草恐龙，还是一只食肉恐龙呢？

答案：不要惊慌，只不过是一只食草恐龙而已。恐龙嘴里前面那排尖锐的牙齿，是用来从树上剥叶子吃的。

这时，从树丛中又走出一只不一样的恐龙来。你能清楚地看到它像勺子一样的牙齿。那么你会成为它菜单里的下一道菜呢，还是会安然无恙呢？

答案：即使你待在那里也是很安全的。杏齿龙像勺子一样的牙齿，非常适合于把植物舀到肚子里去，就像我们用汤匙那样。

一只小恐龙出现在你的视野里。你能清楚地看到：它嘴里有两排尖尖的锯齿一样的牙齿。那么你是觉得有必要理会这个小家伙呢，还是应该撒腿就跑呢？

答案：你最好赶快跑，跑得越快越好。锯齿状的牙齿绝对是个危险的信号。只有食肉的恐龙才会有这样的牙齿，这些牙齿可以很好地帮助它们切割生肉。

61

牙齿小趣闻

在那些正在使用的老的牙齿下面，一直会伴有新牙齿在不停地生长。在短短的两三年内，霸王龙就能重新长出一套50多颗的新牙齿。

秘密武器

牙齿并不是区分食草恐龙和食肉恐龙的唯一标志。随着不同种类的食草恐龙和食肉恐龙的不断进化，它们都针对各自的取食特点，逐渐形成了一套适合自己的秘密武器。

你知道吗？

马门溪龙是一种伸着长长的大脖子的食草恐龙。它身长可达22米（光脖子就有10米多长）。人们认为，这种恐龙通常会站在池塘或者湖泊中央，用细长的脖子，就像一个巨大的真空吸尘器一样，获取四面八方的植物。

一些食肉类恐龙的爪子，也非常适合它们捕杀猎物。重爪龙是目前已知的唯一一种以捕食鱼类为生的食肉恐龙。科学家们认为：重爪龙是用它那巨大的带钩的爪子，像我们用鱼叉那样，去叉取它最喜欢的食物。

迅猛龙则在它的第二个趾上有一个非常灵活的"之"字形爪子。当它奔跑的时候，这个爪子没什么用武之地，但在攻击猎物时，它就变成了一种像鞭子一样的秘密武器。

科学家们认为：其他的食肉恐龙可能也都有自己的秘密武器。通常情况下，即使是小小的伤口，对恐龙来说都可能是致命的，因为残留在食肉恐龙嘴里的腐肉所产生的细菌，会很快令它们猎物的伤口感染中毒。

可怕的狂饮暴食

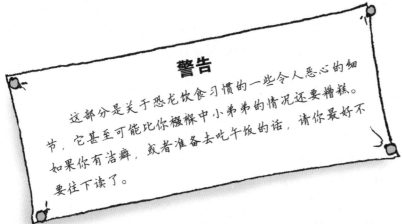

警告

这部分是关于恐龙饮食习惯的一些令人恶心的细节，它甚至可能比你襁褓中小弟弟的情况还要糟糕。如果你有洁癖，或者准备去吃午饭的话，请你最好不要往下读了。

可怕的胃口

科学家们估计：像霸王龙这样的大型的食肉动物，每天至少要吃下135千克的生肉，才能生存下去。但是，相对于那些更大的蜥脚类恐龙的摄入量来说，像腕龙和超龙，即使这么多的肉，在它们眼里看起来也只不过是小菜一碟。食草恐龙则酷爱它们的绿色食品，以至于每天都要塞进1吨多枝叶才能填饱肚子。是不是有点可怕？

小姐，再给我上点沙拉酱！

63

巨大的帮手

异龙的嘴本来就很大，但是它还有一种更聪明的绝活儿，帮助它吃下比它嘴还要大的猎物。它的上下颌联结部位很松，这样在每次撕咬之后，它就可以狼吞虎咽地吞下满嘴大块的生肉。

自相残杀的恐龙

在腔骨龙的一块化石中，我们从它的胃里还发现了有它自己后代的骨头，真是一位恐怖的暴食者！

并不挑食的恐龙

当你仔细检查鸭嘴龙的胃的时候，你就会发现，里面还包含着它最后的一顿晚餐——一些难以消化的混杂物，树皮、树枝、松果、松针，真是应有尽有！

吃石子的恐龙

尽管恐龙们都有着惊人的食量，但蜥脚类恐龙的牙齿数量却不多。有时为了弥补它们臼齿的不足和更好地消化那些坚硬的植物，它们常常需要吞下一些小石子来帮助消化。这些"胃石"就像小磨石一样，把食物磨成了稠稠的粥状物，这样就很容易被消化了。蜥脚类恐龙常常很急切地找这些小石子吃，以至于它一次可以吞下64粒之多！

小心毒气

吃这么多青草，其结果就是使你在顺风的时候，老远就可以闻到一种气味，知道有一只吃草的恐龙来了。

因为消化了海量的植物，也就免不了产生大量的"天然气"。

生存策略

虽然根据恐龙的牙齿和骨头，我们就可以很肯定地知道它是食肉的，还是食草的。但是，要想进一步了解这些恐龙活着时候的其他行为，就显得比较困难了。其他的化石证据，如脚印，也可以提供给我们一些有用的线索，此外，古生物学家们还可以通过研究现在的野生动物，去猜想恐龙当时的生存状况。

绝对令你惊叹的事实

目前获得的有关恐龙行为方面的证据非常稀少，但是1971年，在蒙古境内却有一个惊人的发现。古生物学家们发掘出一具迅猛龙和原角龙的尸体，它们因决斗而互相纠缠在了一起。那只食肉的迅猛龙正抓着原角龙头上的骨冠，同时用爪子抓住它的腹部，而那只食草的原角龙则用头上的刺，刺穿了迅猛龙的胸膛。它们几乎同时杀死了对方——而又及时地被封存了几千万年。

食草恐龙和食肉恐龙有着完全不同的生存策略。对食草恐龙来说，找到足够的植物来吃并不是什么主要的问题。它们的主要目标还是：千方百计地避免在食肉恐龙经常出没的路线上觅食。那么，它们又是怎样从那些凶残的食肉恐龙的追捕中虎口逃生的呢？

食草恐龙生存指南

成群结队

　　恐龙知道成群结队地在一起，还是比较有安全感的。禽龙就喜欢一大群一大群地聚集在一起，浩浩荡荡地前进。幼龙和妈妈待在中间安全的地方，大的雄性的恐龙则在周围四处巡逻，它们锋利的爪子时刻准备着迎击来犯之敌。任何一只跟不上队伍的恐龙，都会落在后面，遭受食肉恐龙的伏击。

组成防御圈

一旦受到攻击，大量的角龙就会马上围起来，形成一个坚固的防御圈，它们把尖角指向外面，正对着敌人，剩下的角龙，就躲在圈子里面。

哎哟，哎哟，我知道厉害啦……

妈妈的庇护

慈母龙，这些9米长的食草恐龙，喜欢把蛋下在巨大的巢里，然后用腐烂的植物盖上。这听起来好像有点恶心。但是，植物腐烂时却可以产生热量，使恐龙蛋保持一定的温度，让小恐龙在蛋里面舒舒服服地成长。慈母龙的妈妈们，也用不着在巢上面卧着，而是在旁边细心地守护。一旦小恐龙孵出来以后，妈妈们就离开它们的小宝宝，出去给它们找吃的。即使这个时候，其他的恐龙妈妈也会在巢的周围不停地巡逻，时刻保护着这些恐龙小宝宝。

如果你周一和周四可以值班的话，那我就值周二和周五的班……

溜之大吉

即使单只的食草恐龙，也不会像是菜板上的肉那样，任由路过的食肉恐龙宰割。大腿粗壮的棱齿龙和像鸵鸟一样的似鸟龙，都是当之无愧的赛跑和跨越冠军。如果你看到它们跃跃欲跳的样子，那就说明它们在尽力地摆脱麻烦，好溜之大吉。

海底逃生

从一些石化了的恐龙脚印的痕迹来看，古生物学家断定：一些大型的蜥脚类恐龙常常潜到水底，来逃避食肉恐龙的追杀。

恐怖的鬼火

如果你曾经非常不幸地看到过那张令人毛骨悚然的照片，就是那张20世纪70年代人们经常穿着那种发着蓝色幽光的裤子，在夜里到处乱跑的恐怖照片，你就能够想象出豪勇龙背上发着幽幽的蓝光，像鬼火一样地飘荡着所产生的恐怖效果。这种吓人的方法足以使大多数的食肉恐龙闻风丧胆，落荒而逃。

太吓人了，是不是？

绝对在几年前曾经出现过！

坚硬的盔甲

　　很快，恐龙们就意识到，长着一条看起来像火腿或薯条一样的腿，可不是件好事儿。于是它们决定把自己弄得像学校里的午餐那样的难吃，既硬又难以消化。剑龙的决定肯定会让那些食肉恐龙们感到非常的不爽。它在背上、肩上，甚至连尾巴上，都长出了像大钉子似的硬刺。同时，踝龙属的恐龙也在背上伸出了一排硬骨板，这些足够让那些食肉恐龙们嚼上一阵子的。

誓死抵抗

　　如果最坏的情况发生了，它们不幸陷入了食肉恐龙的伏击圈，也不是所有的食草恐龙都愿意坐以待毙的。它们誓死抵抗，即使是最残忍的食肉恐龙也会发现，它们的晚餐并不是那么唾手可得的。

你知道吗？

　　梁龙会用它3.5米长的大尾巴来抽打来犯之敌，而肯氏龙和剑龙的带有尖锐大刺的尾巴，抽到任何一只食肉恐龙的脖子上，都将是一种致命的疼痛。

　　食草的新头龙，在尾巴末梢上有一巨大骨棒，重达30多千克。当它左右挥舞时，就形成了一种绝对有效的自卫方式。任何一次对目标的打击，都足够让最大的霸王龙也失去平衡，而且绝对可以让对手在很长一段时间内不敢再靠近它。

三角龙相信进攻是最好的防守方式。如果它受到了攻击，就把自己的角放低，以此来警告对方不要轻举妄动，就像现在的犀牛那样。一只发育完全的三角龙最重可达5吨，这可真是这些笨家伙冲锋陷阵的资本。

愉快的狩猎

对食肉恐龙来说，并没有像方便面之类的快餐食品可以吃。如果它们想多吃几口饱饭的话，那么就不得不付出力量和勇气——晚餐就在你的四周到处乱跑，但即使你是最凶残的恐龙，也必须凭自己的本事去捉住它。

下面向大家介绍一些愉快狩猎的秘诀：

成群攻击

20世纪60年代发现了一种大型的食草恐龙——腱龙的化石，它的旁边有四个小型的恐爪龙的残骸。据推测，是小型恐爪龙的集体攻击（不光是这四只），杀死了大型的腱龙。

临时团队

食肉恐龙并不拒绝与其他食肉者的合作。一些恐龙的足迹化石表明，即使是最好的捕猎者，像异龙和迅猛龙，也都是成群发起攻击的。它们一般联合起来攻击成群的蜥脚类恐龙，把强壮的成年恐龙引开，然后找年轻弱小的恐龙捕杀。但是，一旦猎物被打倒，它们的临时团队也就解散了，接下来，每个捕猎者都只顾自己填饱肚子了。

71

守株待兔

在美国得克萨斯州有一个神奇的发现，证明了一些恐龙是很有耐心的守株待兔者。这个发现是由两组足印组成的，一组是大型的雷龙留下的，而另一组则属于小型的三趾类恐龙，也很可能是食肉的异龙留下的。

通过追踪彼此的足迹，古生物学家们认为：这是食肉恐龙伏击猎物的直接证据。耐心的捕猎者终于在守候的最后时刻得到了回报，因为它选择了最佳的进攻时机，一举捕杀了猎物。

惊人的食腐恐龙

许多证据表明：大多数的食肉恐龙还是喜欢吃鲜肉的，因为它们总是对自己的猎物穷追不舍。但是，当科学家在犹他州发掘干涸了的沥青坑的时候，他们又一次震惊了！在这里，他们发掘出上百块骨头，这些骨头中既有像梁龙这样的食草动物，也有像异龙这样凶残的食肉动物。

这个发现可能表明：食肉恐龙不总是吃鲜肉，如果给一点点机会，它们也愿意去吃一些腐肉。当食肉恐龙忍受不住陷阱中美味的诱惑，向猎物发起攻击的时候，它才发现自己也陷入沥青坑，不能自拔了。

审判霸王龙

这些食腐的证据让一些科学家感到很奇怪，他们开始怀疑某些食肉恐龙是否真的是捕猎者。它们会不会只是一些食腐恐龙，只吃那些已经死了或者受伤的动物，而并不去追捕猎物呢？为了验证他们的理论，科学家把目光又放到了最大的目标——霸王龙身上……

霸王龙简直比语法考试更可怕，比蹦极和一屋子中年妇女更恐怖，毫无疑问，霸王龙是自1902年被发现以来，史前世界当之无愧的食肉冠军！

霸王龙是到目前为止发现的最大的食肉动物。6米多的身高，长达18厘米的锋利牙齿，它当然无愧于自己的名字——霸王龙。在拉丁文里的意思就是"残暴的蜥蜴之王"。霸王龙作为史前"最致命的恐龙"，其地位从来没有被动摇过！直到最近，古生物学家又仔细地研究了它的遗骸，并对它的捕食本领产生了怀疑。

其他的科学家立即跳出来为霸王龙辩护，于是审判开始了。在观看答辩双方的辩论之前，请你也先考虑一下：你认为霸王龙是一个捕食者呢，还是一个食腐者呢？还是让我们回到几千万年前，重现那场经典的战斗……

但是，事实真是这样吗？为霸王龙辩护的科学家们当然这样认为，但是发起诉讼的古生物学家也有自己的证据。

辩方观点1：

"霸王龙是一个彻头彻尾的捕猎者。我的证据表明：强有力的大腿，能使它的速度达到每小时40千米以上。虽然这只能维持短时间的疾跑，但对于突袭猎物来说已经足够了！"

控方观点1：

"我们的研究发现：霸王龙的胫骨和大腿骨几乎差不多长，这与我们人类很相似。这说明它跑起来的速度不可能超过每小时24千米，这个速度很容易被它的猎物超过。而且，我们还计算了霸王龙的重心，发现它很容易失去平衡。如果转弯

太快了，它就会摔倒在地，而且很难再爬起来。霸王龙作为一个捕食者确实不够灵活！"

辩方观点2：

"简直是废话！我们比较了霸王龙和狮子撕咬食物时的力量，我们的比较结果表明：霸王龙的力量比狮子大3倍。如此巨大的撕咬力量，只有捕食者在追捕一个跑得很快的猎物时，才用得着。"

控方观点 2：

"我们也作了一个比较：霸王龙脑部负责嗅觉的部分，比地球上的任何生物都要大，除了红头美洲鹫——一种众所周知的食腐动物。而且霸王龙的胳膊，虽然能够提起 185 千克的重负，却只能够转动 5 厘米。这证明：它们不是用来捕捉活着的猎物，而只是用来从死恐龙身上弄腐肉吃的。"

最终判决

科学家陪审团还没有对霸王龙作出终审判决，但是你可以试着作出自己的判断：霸王龙是捕食联盟中的头领呢，还是你应该改一下名字，叫"腐肉龙"呢？

争论看起来是无休止的。但是，谁又知道，什么时候又有一个新的发现或者一个新的理论出现在你面前呢！多亏了那些恐龙狂们——那些疯狂的古生物学家……

疯狂的古生物学家

　　寻找化石的人、恐龙的探寻者、古生物学家，不管你叫他们什么，他们都有一个共同的特点——都是十足的恐龙狂！

　　为了让你看看他们对工作的狂热程度，请简单回答下面的问题。下面给出的选项中，你更喜欢哪一个？

　　A. 赢得彩票的头等奖。

　　B. 和霸王龙一起待几分钟。

　　如果你选择A，那说明你还是太理智了，不可能成为出色的古生物学家。如果你选择B，说明你已经够疯狂了。祝贺你，你已经具备了一个古生物学家所应具备的素质。

疯狂的古生物学家名人录

　　这种彻头彻尾的疯狂，在早期的古生物学家身上，表现得更是一览无余。

威廉姆·巴克兰德（1764—1856）

　　威廉姆·巴克兰德是牛津大学的第一位地质学教授。他曾经为了鉴定一堆乱糟糟的化石碎片，而几乎查遍了所有的历史资料，最终确定它属于一种大型的食肉类恐龙，并为其命名为斑龙（巨大的爬行动物）。

77

斑龙，一直以来就是以那种"垃圾桶"式的恐龙而著称的。因为多年来，任何大型的食肉恐龙，在难以确定身份的时候，常常被扔进了斑龙的家族里。而巴克兰德也是那种"垃圾桶"式的人物，实际上，他是一个爱开玩笑的人。他因为能吃几乎所有的东西而闻名遐迩，这其中包括鼻涕虫汤和犀牛馅饼。他还曾经带着一位非同寻常的客人——宠物熊，一起出现在宴会上。

理查德·欧文爵士（1804—1892）

理查德·欧文是第一个给恐龙命名的人。为了庆祝他的发现，并让大家看看他对恐龙有多么痴迷，1852年欧文亲自组织工匠在伦敦水晶宫制作了一些原样大小、栩栩如生的恐龙模型（直到今天，我们还可以看到它）。

欧文花了一年的时间才完成这项复原工程。为了使这件事情更具轰动效应，欧文又邀请了19位达官贵人参加庆祝宴会，宴会还别出心裁地在一只禽龙的"肚子"里举行。为了保证这件事一开始就与众不同，欧文甚至把邀请函的卡片都做成了翼龙翅膀的形状。

菲迪南德·海顿（1829—1887）

美国地质学家菲迪南德·海顿对恐龙的狂热，曾经救了他一命。1856年，他在北美洲发现了一块恐龙化石，但是令他不安的是：这块化石是在印第安人的领地内发现的。

当海顿被出征归来的印第安战士俘虏的时候，他们很惊奇地发现他并没有带枪，而只是带着很多古老的岩石。印第安人的首领认为：如果海顿觉得连那些烂石头都有价值的话，那他一定是疯了。然后他们就放了他，并且说：

继续赶你的路吧，你这个逃跑时都不忘捡烂石头的家伙！

罗伊·柴普曼·安德鲁斯（1884—1960）

罗伊·柴普曼·安德鲁斯是在第一次世界大战期间研究鲸之

后，才开始从事古生物研究的，同时他还是一名盟军的间谍。他在蒙古大沙漠的探险中，除了要忍受60℃的高温外，还要不断地与毒蛇和强盗作斗争，同时他竟然还腾出时间发现了第一枚恐龙蛋，以及迅猛龙和似鸟龙的化石。

安德鲁斯也有自己的缺点，他挖掘化石时的动作非常笨拙，以至于在博物馆里看到的任何一块破坏得很严重的标本，人们都说那一定是安德鲁斯的杰作。他还是光彩照人，甚至还成了世界著名的电影人物——印第安纳·琼斯博士的原型。

罗兰·伯德

现代古生物学家罗兰·伯德决不会让死这样的"小"事，妨碍了他对恐龙的狂热。因此每个人都知道他对恐龙是绝对的痴迷，他甚至坚持他死后墓碑的形状也要刻成雷龙的形状。

出格的古生物学家

在所有疯狂的古生物学家中，其中有两个比其他人更甚。这对恐龙狂住在美国，他们经常去西部最荒凉的地方寻找化石。他们两人的竞争其实早已臭名昭著，以至于他们之间荒诞的表演被冠以"化石战争"，且尽人皆知。这两个出格的古生物学家分别叫爱德华·科普（1840—1897）和奥斯耐尔·马什（1831—1899）。

马什

科普

臭名昭著的竞争——10个令你不可思议的事实

1. 爱德华·科普出生在费城。他是宾夕法尼亚州州立大学的教授，同时也是一位虔诚的教友派信徒。6岁那年，他见到了一块30米长的被称做"海扎克蛇"的海洋生物化石。虽然那块化石后来被证明是假的，但是却触发了科普要做全世界最伟大的古生物学家的雄心……

2. 奥斯耐尔·马什也有同样的雄心。马什出身于一个富裕的家庭。1860年，他说服他的一个有钱的叔叔给耶鲁大学捐建了一座自然历史博物馆——条件是他当馆长。这样，他也就成了耶鲁大学的第一位古生物学教授。

3. 1868年，他们两人臭名昭著的竞争开始了。当时，科普发表了一篇描述海生爬行动物薄片龙的论文，其中有一些严重的错误，他甚至把头尾都弄颠倒了，而马什马上注意到了，并立刻给他指了出来。

4. 科普承认了错误，并决定把已散发出去的所有论文副本都买下来。最终，他买下了所有的副本——除了马什所持有的两本，因为马什拒绝卖掉它！

5. 科普永远都不会原谅马什。这对疯狂的古生物学家开始在美国西部寻找化石，每个人都竭力找出比对方更多的恐龙化石。这期间，这对冤家总共鉴别出了130多种恐龙，并发现了异龙、阿普吐龙、梁龙、剑龙、鸭嘴龙，以及其他一些恐龙。

6. 科普和马什都争先恐后地发表他们最新找到的恐龙化石，以至于很少检查一下对手是否已经发表过相同的属种。他们所描述的经常都是同一只恐龙，却被命了不同的名字。

7. 他们不会因为一些"小"事，比如像拓荒者和美洲土著人之间的战争，而妨碍了他们的寻找工作。科普曾几次被出征途中的印第安战士们所包围，但他都通过拿出他的假牙，扭转了形势。勇士们惊讶地看着他，而不敢贸然出击。显然，他们不敢想象，世界上还有牙齿会跑的人！

8. 马什尽量避免用假牙的小伎俩，他亲自和美洲土著人的酋

长谈判休战问题。经过几回合成功的和平谈判之后，一个叫红云的印第安人酋长，派给马什一支护卫队，来回护送他。

9. 一想到他的竞争对手，科普就气不打一处来，所以，每挖掘完一个地方，科普都要炸毁它，以防止马什继续在这个地方工作。

10. 这场臭名昭著的竞争，一直持续到爱德华·科普去世。即使到那时，科普还是不忘留下侮辱马什的最后一句话——他把一个哺乳动物命名为Anisconchus cophater，翻译出来就是"长着锯齿牙的马什的憎恨者"。

特别有用的岩石

虽然科普和马什并不十分擅长和睦相处，但是他们却很擅长发现恐龙。事实上，发现恐龙也并不是一件非常容易的差事。化石不会随意地躺在路边让你很轻易地就能随手捡到，除非是在你学校的标本馆里。

眼睛像鹰一样敏锐的古生物学家，一眼就能认出含有化石的岩石。而且，在我们特别有效的"岩石指南"的帮助下，相信你也可以！

特别有效的"岩石指南"

岩石一般可以分成三种类型——变质岩、火成岩和沉积岩。不幸的是，你从你老姑妈艾达家得到的岩皮饼，并不在岩石的行列之内，即使它们有时有相似的作用。

那么这些岩石是怎样形成的呢?

火 成 岩 像花岗岩一类的火成岩，是在火山爆发时的高温下"烹调"出来的。它们在没有喷发出来以前，曾经是熔融的岩浆，所以它们不大可能会含有化石。有时候，火山灰或者岩浆冷却时可以包裹一些动物，使它们最终形成化石。

沉 积 岩 是水中的泥沙沉积下来，并逐渐被压实而形成岩石的。砂岩、石灰岩和白垩岩是沉积岩的三种类型，它们常常含有化石。

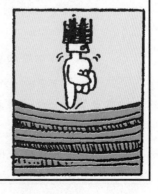

85

　　变质岩 在火山活动的高温处理之前，变质岩的前身是火成岩或沉积岩。在高温高压环境的作用下，使它们变成了结构更加坚硬致密的变质岩，如板岩，里面的任何一块化石都会被烧得很脆。

沉积岩"千层饼"

　　因为沉积岩是像蛋糕那样一层一层地沉积起来的，所以它对判断化石的年龄很有帮助。穿过岩层进行打钻，就像经历了一次时光倒流的旅行一样。在顶部的岩层，你发现的是接近现代的动物和植物的化石，但是随着往深处走，将会有更加古老的生物化石出现。

看，我找到了鲍伯·荞克毫斯的笑话集！

　　早期的古生物学家就已经认识到：同一层岩石发现的化石几乎是生活在同一个时期的生物。这样，他们就知道了哪种恐龙曾和其他的哪些恐龙生活在一起。但是，这种方法也有一个缺点，如果岩层已经被破坏，或者顺序颠倒了，则可能得到完全错误的推论。

现在，古生物学家们已经开始使用一种更加准确的方法来确定恐龙生活的年代。每一层的岩石都含有不同数量的放射性同位素，他们就是通过测量放射性同位素衰变的时间，来判断一种动物生存和死亡的时间的。这种方法的精确度，往往是在几百万年之间。——也许你觉得太粗略了，但是以地质学的标准，却已经足够精确了。

化石搜寻者

所有这些有关岩石和根据放射性同位素确定年代的说法，可能会让你担心，要想成为一个出色的古生物学家，是否需要一定的天赋。但不要以为你现在在学校的学习成绩不好，以后就一定也作不出伟大的成就。

当然，大部分职业的恐龙化石搜寻者，都有地质学或者动物学方面的大学学位，并且能够应用现代复杂的科学技术。但是，一些重要的发现却是以一些令人吃惊的简单方法完成的！

1. 19世纪90年代，约翰·贝尔·海彻尔（一位从农场主转变为化石猎手的人）只用一个小技巧，就解决了一个大问题。当时，他正在寻找和恐龙生活在一起的那些小哺乳动物的化石。第一天的搜寻工作结束时，他只找到了一两颗牙齿。然而，他脑筋一转，第二天就找到了87颗。

海彻尔想到了一个绝妙的主意——让蚂蚁来帮忙。因为蚂蚁在垒窝的时候，顶端需要一块小

天哪！如果我对你的房子也这么干，你愿意吗？

石头,而牙齿则刚好和那块小石头差不多一样大。海彻尔干脆就光挖掘蚂蚁窝了,然后再筛选土壤,寻找化石。

2. 伯纳姆·布朗是19世纪末的一位一流的古生物学家。他喜欢穿上整齐完美的礼服,去寻找化石,但又保证不把它们弄脏。

我想,他一定又有新发现了!

对大多数人来说,这可是个难题,但这并未影响到布朗,他居然有一套离奇的办法。他成功的秘诀就在于他的鼻子,据说他可以闻到恐龙的味道,而且看起来好像是真的有用。布朗在他的职业生涯中发现了多个霸王龙、刺角龙、冠龙和蜥冠鳄等的骨架化石。

3. 哈利·伽贝尼,生于1920年,在加利福尼亚州的一个农场长大。8岁的时候,他发现了一块骆驼的骨头化石,从那天起,他就开始迷上了搜寻恐龙化石。但是,伽贝尼并不是一位经过专门训练的古生物学家,他只是一个训练有素的水管工。尽管如此,他还是成了有史以来世界上最成功的恐龙探寻者之一。1966年,他

看我在花园找到了什么,亲爱的。

发现了世界上第4个霸王龙的化石。既然没有理由停下来，他就决定继续寻找下去，接着，他又发现了另外两具霸王龙的遗骸，而世界上总共才有8件标本！当被问及他成功的秘诀时，伽贝尼谦虚地说："我只不过是一个比较幸运的小人物罢了。"

哎哟！
好痛啊！

4. 加拿大古生物学家——菲尔·居里的笨手笨脚却给了他一个良好的开端。当他进行一次探险的时候，不小心把照相机套掉下了山坡。当他爬下去重新取回相机套时，却惊喜地发现：相机套恰恰掉在了一只大恐龙的头骨上！

绝对令你惊叹的事实

1899年，在北美洲沙漠里发现的一个地方，对到处寻找恐龙化石的古生物学家们来说，简直是他们梦寐以求的天堂。那里遍地都是剑龙、阿普吐龙、梁龙和其他恐龙的化石。这里的恐龙化石实在是太多了，以至于当地的牧羊人都用它来搭建羊圈。因为恐龙化石比石头和树木都要好找！

绝对危险的发现

寻找恐龙，听起来是一件伟大的工作，但是有时候也是非常危险的。在一些探险中，恐龙搜寻者们几乎像他们要找的恐龙一样全都死光了。如果你也想出去寻找化石，那么请你好好地看一看下面的内容：哪些是恐龙搜寻者该做的或不该做的事情。

该做的——准备一个医药箱。能咬古生物学家们的，不仅仅是一些小虫子。在北美洲，响尾蛇也经常威胁到搜寻者的安全。佛瑞斯教授在东非研究化石的计划不得不半途搁浅，就是因为他得了痢疾，只好收拾东西回家了。

该做的——当心其他的化石搜寻者。刚开始发现恐龙化石时，由于过分的狂热，使得一些古生物学家们竟然向他们的竞争对手开枪，有的还试图从对方那里偷取化石。

该做的——听从劝告。19世纪80年代，年轻的恐龙化石搜寻者亨利·奥斯本，在一次前往美国怀俄明州寻找恐龙化石的探险途中，碰到了一位淘金者。淘金者给了他这样的建议："年轻人，要么把你的帽子往外拉一拉，要么就把你的鼻子往里按一按。"幸运的是，奥斯本听从了劝告，如果他不听的话，处境将十分悲惨：饱受毒晒，甚至中暑。恐龙化石一般只有在环境极其恶劣的地区才能找到，在蒙大拿州的荒漠中，有一个非常著名的恐龙化石发现地，那里非常的热，被人们称为"地狱之港"。

该做的——经常抬头看看。很多古生物学家常常被他们的发现搞得狼狈不堪，因为他们经常被从上面掉下来的石头击倒。

91

不该做的——在未获允许之前，不要乱挖。1992年5月，30名美国联邦调查局的探员，搜查了美国南达科塔州的黑山学院，并扣留了"苏"——世界上最大的霸王龙。原因是，这些化石是在一个苏印第安人保护区里发现的，在法律上它不属于黑山学院。

好了，伙计，千万别出声！

不该做的——不要太着迷。有一次，一个昏昏欲睡的恐龙化石搜寻者，由于过于专注化石，而忘了留心脚下，结果跌入了悬崖。

啊！

不该做的——忘记检查你的交通工具。1888年，当托马斯·威斯顿决定探究一下位于加拿大阿尔伯达省的红鹿河大峡谷时，他突然想到了一个绝妙的主意，造一艘巨大的帆船，把它作为流动的大本营。帆船造好之后，威斯顿和他的探险队带着装备上了船，开始了他们的远航。不幸的是：他们的计划被无情搁浅了，因为他们的帆船仅仅航行了13千米，船上就出现了一个大洞。当挣扎着爬上河岸之后，浑身湿透了的威斯顿只能呆呆地坐在那里，眼睁睁地看着他的远征计划，与大船一起无声地沉没了。

你曾经有过这种消"沉"的感觉吗？

恐龙化石的发掘

历尽了千辛万苦，你终于活着在目的地发现了恐龙的化石，你是否在想，应该好好地庆祝一下了？不过，在你开始痛快地吃着果冻和冰激凌之前，你首先要把这些恐龙化石挖出来。经过多年的发展，恐龙搜寻者们已经用上了各种各样的工具挖掘恐龙化石，但是你认为一次成功的挖掘应该需要哪些装备呢？

A. 风钻

B. 推土机

C. 牙医的钻子

D. 熟石膏

E. 炸药

F. 化学药剂

答案

A. 风钻是用来钻透坚硬的岩层的。古生物学家们必须精神高度集中，因为一次小小的滑动，就可能轻易地破坏掉化石和它记载的信息。

B. 如果用推土机来发掘恐龙化石，肯定会让古生物学家们气得脸色发青。但是，推土机有时候可以用来清理周围的泥土。在美国的"地狱之港"里发现了霸王龙的时候，军队的工程师就先用推土机推出一条小路，然后用组装卡车来运输化石。善于创造的古生物学家们还充分利用其他各种运输工具，包括骆驼、骡子，甚至大象，来运送他们的"战利品"。

C. 医生使用钻子的声音，可能让你晚上一直噩梦不断。但是对古生物学家来说，那却是美妙的音乐，因为在实验室里修理小块的化石需要用到它。恐龙搜寻者们甚至还用牙刷给精细的化石作一次彻底的清洗，以去掉沙子和残渣。

D. 先用熟石膏把破碎的骨头包在一起，然后再从发现地运走，这个办法的确不错。这是1877年，奥斯耐尔·马斯看到医生把病人的断骨包在石膏里，受到启发，发明出来的了不起的技术，直到现在，仍然沿用着。

熟石膏

E. 使用炸药，很可能让你的搜寻恐龙的职业生涯也随着那升起的硝烟一起灰飞烟灭了。但是在早期，古生物学家们的确是用它来炸掉山的顶部。不幸的是：这种方法有一种致命的缺点——它会把恐龙化石和岩石一起破坏掉！

F. 如果你忘了从学校的实验室里，偷偷带出点化学药剂什么的，那你的脑筋一定是出问题了。有时候，化石只能用那些冒泡的化学药剂，才能从岩石上分离下来。

正在消失的恐龙化石

经过一系列艰苦的挖掘工作之后，恐龙又重见天日了。你可能认为：这次要想再让恐龙消失，就是一件比较困难的事了，但是，你又大错特错了，在全世界一些不同寻常的环境中，恐龙化石正在逐渐消失，而且是永远地消失了。看看下面报纸的摘录，你就会发现……

化石在燃烧（1916）

圣山学院的地质学教授米诺·塔尔伯特女士说：看到昨晚地质博物馆发生大火的新闻，她的心像彻底被掏空了似的。

大火不但彻底地烧毁了这座博物馆，而且还烧毁了一件珍贵的展品——一只包斗龙的化石。5年前，米诺教

授发现了这些化石，并把它捐给这座博物馆，以求安全保存。

包斗龙又从灰烬中
站立起来

像传说中的不死的凤凰一样，那只几个月前消失的恐龙——包斗龙，看起来

好像又要从那场损失惨重的大火的灰烬中重新站起

来。这个好消息是耶鲁大学的博物馆馆长告诉包斗

龙的发现者米诺·塔尔伯特教授的。他说：在包斗龙化为灰烬之前，他已经给它制作了一个模型。所以，对全世界的古生物学家们来说，包斗龙并没有消失。

恐龙化石遭到破坏
（1944）

对德国古生物学家恩斯特·斯特摩尔来说，成功后的甜美感觉早已成了过眼烟云。20世纪二三十年代，他在埃及的沙漠中进行野外发掘，先后发现了好几种新的恐龙化石，包括恶魔龙和巴哈龙。

斯特摩尔先生把它们带回来，收藏在德国的博物馆里，希望能得到安全的保护。但是，他做梦也没想到：第二次世界大战爆发了，盟军的空袭炸毁了斯特摩尔先生的发现，并把它们永远地变成了一堆灰烬。

完了，这次我们彻底死掉了！

恐龙神探

美国恐龙专家——马

什教授，承认他现在正享受着成为一个"临时私家

侦探"的美誉。

马什教授在康涅狄格采石场，发现了一只安琪龙骨架的后半部分。他很快对前一部分丢失的原因进行了解释。他意识到：那前半部分可能被作为建筑材料，从采石场运走了。

"我说过，在搜寻工作中，决不放过任何一块石头。"这位古生物学家说道。他顺着建筑材料的去向，一直搜寻到了那座新建的大桥。但是，正如这位教授所说："非常不幸，我来的太晚了，那块包含安琪龙化石的石头已经被用在了桥身上。我们必须炸毁整座桥才能拿到它。所以，前一部分只有等到这座桥打算拆毁的时候，才能解放出来。"

四处跑的足印

（1996）

澳大利亚警方声称，世界上唯一的剑龙足印化石不见了！

警方宣布：小偷用很有效的工具，把这些足印化石从澳大利亚西北部的岩石上"揭"了下来，而那些足印在那里已经待了整整130万年！

在警方犯罪嫌疑人的名单中，头号嫌疑犯是那些不择手段的私人收藏者。但是，警方目前所掌握的犯罪线索却少得可怜。

哈哈！哈哈！

去发现你自己的恐龙

幸运的是，恐龙化石一般很少丢失。而且一般情况下，每六个星期就会有一种新的恐龙被发现，所以在不久的将来，很可能会有更多的恐龙又要重见天日了！

如果你担心自己成不了那个幸运的人，这里有一个更好的消息告诉你：很多恐龙化石都是普通人发现的。在日本，差不多一半的恐龙化石都是学生发现的，地震龙就是被一个徒步旅行者发现的。在新西兰，所有的恐龙化石都是一位业余的古生物学家——琼·维芬发现的。

现在，你知道该去寻找什么了，为什么不去试试发现你自己的恐龙呢？但是，即使幸运女神真的垂青了你，也千万不要认为辛苦的工作到此结束了。

妈咪！

恐龙侦探

如果说真有什么事情比发现恐龙化石更困难的话，那就是把它按原来的样子和生活方式复原了。试着想象一下：你在玩拼板玩具的时候，如果不知道拼板完成后的样子，或者甚至不知道是否拿到了所有的拼板，你却要试着把它拼好，会有多么的困难！这就是大多数古生物学家都要面临的问题，而这只能通过大量的探查工作才能解决。

去伪存真

挖掘恐龙的环境往往又脏又苦，很容易发生错误。一些急切的专家有时太急于发现恐龙化石，以至于他们把鸟或鳄鱼的骨头，甚至是把木头碎片都当成了恐龙化石。在显微镜下，恐龙探查者最先做的一样工作就是：鉴别出那些鱼目混珠的假化石，并且把它们从真的当中剔除。

招聘
急需一名化石扮演者

99

被遗忘的恐龙化石

最早的美颌龙的化石，早在1861年就发现了，但是过了好几年，它们才被鉴定为恐龙。美颌龙是一种小型的肉食恐龙，但是它的发现者——安德里亚·瓦格纳，却忽视了他自己的伟大发现，他认为所有的恐龙化石都应该很大。直到10年后，另一位古生物学家——托马斯·亨利·赫胥黎，才意识到那些化石是属于这种恐龙的。

错误的鉴定

在一些小化石上犯点错误也就算了。但是在1923年，一个完整的恐龙化石却被完完全全地鉴定错了。当时，古生物学家们都在为他们的新发现而沾沾自喜，并把这种新型的恐龙叫做"惧龙"。它和两条腿的阿尔伯特龙非常相像，只是比较瘦，头也比较小。不幸的是：后来有人指出，惧龙和阿尔伯特龙之所以惊人地相似，原因就是惧龙实际上是一只小的阿尔伯特龙，这些头脑发热的探寻者们根本就没有发现新的恐龙。

荒唐的复原

要想发现一具完整的恐龙化石，其概率差不多和看到你们校长的微笑一样小。试图从一堆混杂的烂骨头中去恢复恐龙原来的样子，更让古生物学家们一头雾水。古生物学家希望能从研究现生动物的骨骼中，获取一点有用的线索，但是这并不能阻止他们提出一些荒唐的复原方案。

理查德·欧文爵士曾经复原了一只原样大小的禽龙，结果却

弄成了一个完全不像禽龙的东西。在欧文荒唐的复原中，他把禽
龙的拇指刺插到了鼻子上，而且还让它四条腿走路！

古生物学家在仔细观察了亨利·奥斯本的第一只霸王龙复原
图之后，他们可能已经感到大事不妙了。因为这些早期的恐龙专
家，竟然把恐龙的眼睛放到它的鼻孔里去了。

101

曾经有一具阿普吐龙骨架化石，被发现的时候，除了头部丢
失以外，其他几乎都是完整的。而在附近，刚好又发现了一种与
它相似的蜥脚类恐龙——卡玛拉龙的头部。于是，这些恐龙搜寻
者们，就简单地把卡玛拉龙的头部安到了阿普吐龙的身上。75年
后，这个荒唐的复原才被发现，而且每一块阿普吐龙的骨头都被
做过手脚。

绝对令你惊叹的事实

　　恐手龙是目前为止最让人着迷和最令人受挫的发现之一。能表明它存在的唯一线索就是：一对巨大的臂膀，每只臂膀都比一个人还长，上面还有三个爪子，比大砍刀还要大。如果它属于一种食肉的恐龙的话，那它一定是个不可想象的庞然大物。但是在没找到更多的化石证据之前，古生物学家们只能猜测恐手龙长什么样子了。

古生物学的难题

　　古生物学家们很快意识到：复原恐龙只是创造了更多的艰苦的探寻性工作。开动你的脑筋，来做做下面的测验，看看你能否找到这些古生物学的答案？

1. 蜥脚类恐龙到底有多大

　　迷惑不解的古生物学家们常常提出一些弱智的意见，来解释巨大的蜥脚类恐龙是怎么生活的。下面哪一个理论是已经发表了的？

A. 蜥脚类恐龙太重了，以至于它们不得不在深水行走，来支撑它们的体重。

B. 它们长长的脖子是用来在水里呼吸的通道。

C. 它们有两个大脑。

2. 关于鸭嘴龙的愚蠢可笑的错误

科学家们在试图解释鸭嘴龙头上精致的冠部时，也犯了一些可笑的错误。下面的哪一个观点现在最可能被接受？

A. 它等同于一个巨大的鼻子。

B. 冠部能帮助它们在游泳时呼吸。

C. 用来给同伴发信号。

3. 剑板的秘密

是哪一种现代的科学技术帮助一位古生物学家揭示了剑龙背上剑板的秘密？

A. 一个烤面包机。

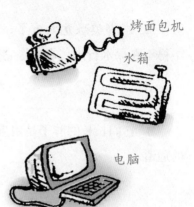

烤面包机

水箱

B. 一个汽车的水箱。

电脑

C. 一台电脑。

4. 特兰西瓦尼亚的难题

当甲龙、一个蜥脚类恐龙和一个鸭嘴龙在特兰西瓦尼亚被发现的时候，它们都有一个共同点——非常的小。这个难题最可能用下面的哪一种方法解决？

A. 它们都是小恐龙，还没长大。

咕噜

B. 它们和它们的大个子的亲戚失去联系了。

连个明信片也没有。

C. 它们的化石收缩了。

你好，小矮人！

104

答案

1. 所有的都发表过，但是它们却都是不足信的。

A. 英国科学家肯尼斯·可麦克证明：如果蜥脚类恐龙生活在水中，水作用在它们身上的压力，会把它们的肺压碎。从此，这个理论也就销声匿迹了。

    B. 蜥脚类恐龙用长长的脖子来获取长在陆地上的高大植物，而不是用来呼吸的。

    C. 虽然蜥脚类恐龙的头部只能容下一个小小的脑袋，但是那已经足够了。在它们尾巴的基部是一个洞，那里容纳了一个膨大的神经结，而不是另一个大脑。

    2. C。为了证明他们有充分的论据作支持，这些科学家还制作了一个鸭嘴龙的模型，用计算机模拟恐龙可能发出的各种声音。当古生物学家们公布他们的最新发现时，他们甚至还声称：恐龙不止有一种声调，它们还能够改变它的音调和音节。

    3. B。在解释剑龙背上剑板的作用时，很多古生物学家们感到大惑不解。直到1976年，詹姆士·法露提出了一个让人吃惊的理论。他注意到，那些东西看起来有点像汽车散热箱上的散热片，然后下结论说：当过热的血液在那些骨板里循环，便会迅速冷却，就和汽车散热箱的工作原理一样。

4. B。科学家们绞尽脑汁才解决了特兰西瓦尼亚的难题，他们的研究表明：在白垩纪晚期，特兰西瓦尼亚曾经是一个孤岛。流浪到那里的恐龙，身体会慢慢地变小，因为没有大个子的亲戚与它们竞争了。

骗人的结论

假如你们学校组织了一次郊游，那么回到家里，最令你激动的事情是什么？我想一定是几天以后，看到你们郊游的照片了。当古生物学家们最终解读了一种新恐龙的时候，他们也会同样的激动。

你的照片给你带来的是一种美好的回忆，但如果几千万年后的人看到这些照片，就可能迷惑不解了……

这张照片向我们证明：我们的祖先曾经被一种巨大的老鼠囚禁在古城堡里面，这种老鼠现在已灭绝了。

从这些化石提供的一幅幅"快照"来构建一幅完整的恐龙进化图，还需要艰苦的探寻工作，而且一些关于恐龙的结论，也常常是骗人的。

鬼祟的脚印

19世纪，美国得克萨斯州的一位恐龙探寻者发现了他认为是1亿年前人类的足迹。他进而断定，人类和恐龙是生活在同一个时代的。但是当这些脚印被仔细研究之后，他错误的结论很快就被揭穿了，后来证明：它实际上是一只两条腿的恐龙留下的！

丢光脸面的安德鲁斯

罗伊·柴普曼·安德鲁斯，刚好在发掘了14个成年的原角龙之后，又发现了世界上第一枚恐龙蛋化石。由此他猜想：这些恐龙蛋里一定含有小原角龙。接着，他又发现另一只恐龙也待在这些蛋的旁边，这时他想：这只恐龙一定是在偷蛋吃！因此，安德鲁斯把它叫做窃蛋龙（意思就是"喜欢有角恐龙的偷蛋贼"）。

从来没有人怀疑过安德鲁斯的假设。直到许多年后，这些恐龙蛋又被仔细地加以研究，人们惊奇地发现里面含的竟然是窃蛋龙的胚胎。1995年，又发现了一个坐在巢上孵卵的窃蛋龙，但是它已经死了。虽然古生物学家们现在普遍认为：窃蛋龙可能是个好妈妈，但它的名字和坏名声，早已经在人们的记忆里根深蒂固了。

警方的报告

博尼萨特的野兽

有时候，即使是最好的恐龙探查者，也不能对一只恐龙生活（或者死亡）的某一具体的方面给出确切的结论。为什么不来古生物警察局，看看你是不是能解开博尼萨特野兽的秘密？

事发现场： 比利时博尼萨特峡谷的一些古老岩石。

警戒线勿入！　　警戒线勿入！

事件经过： 当煤炭工人在地下300米工作的时候，他们遇到了一个令人毛骨悚然的场景。被采访时，他们说，他们正在打通一个新的隧道去采煤，这时候，他们碰到了一堆骨头。这些骨头不是在煤层里，而是在一个岩石峡谷里。恐龙探寻者来到了事发地点，把骨头从矿井里弄出来，以便观察。

身份鉴定：这些恐龙被鉴定为禽龙。

受害者数量：31具完整的恐龙骨架被发现和复原。其中包括两种禽龙，可能分别代表雌雄两种禽龙，但是还没有发现幼年的禽龙。

事发时间：大约1亿年前。

目击者陈述：没有发现幸存者。

重大嫌疑犯

嫌疑犯A——食肉恐龙

一群食肉恐龙可能正在联合追杀这些食草的禽龙。它们可能想把猎物诱骗到峡谷中，以便更容易攻击它们。

嫌疑犯B——自然灾害

有一种可能是：禽龙群可能遭到了一次自然灾害的突然来袭，比如洪水，并被卷到了峡谷中淹死。

嫌疑犯C——自然死亡

由于犯罪现场没有发现恐龙幼崽，所以某种程度上，这个峡谷也可能是恐龙的墓地。所有的禽龙觉得它们太老了，走不动了，便来到这里等待死亡。

谁是凶手？

　　上面所有的结论都可能是对的。但是，不能证明肯定就是其中的某一种情况。如果你有你自己的意见，你也可能是对的。说不定你就成了揭开博尼萨特野兽秘密的人呢！

伟大的辩论

　　你可能认为发现恐龙化石的线索越多，查明真相的可能性就越大。但是，历史上最有名的一场辩论，却并非如此。

　　在试图决定恐龙是像爬行动物一样的冷血动物，还是像哺乳动物一样的温血动物时，这个问题又让古生物学家们"沸腾"起来了。对爬行动物（如蜥蜴）和哺乳动物的研究（如人类），分别揭示出了这两种动物截然不同的生活方式。

爬行动物

体表有鳞片。

脑容量小。

四肢从它们身体的两侧伸了出来。

111

　　爬行动物经常活动在海岸线或者沙漠地区。它们白天喜欢晒太阳，享受着阳光带给它们的温暖，同时体内温度也随着上升；晚上休息，因为太冷，体内温度也随着下降，所以不敢出来活动。它们食腐、食肉或食草。

哺乳动物

哺乳动物主要生活在陆地上。白天晚上都可以活动。它们食草或食肉。

早期的古生物学家们，每个人都认为恐龙是冷血动物，笨重并且移动缓慢。他们甚至给一个新发现的恐龙命名为鲁钝龙（意思就是"愚蠢的蜥蜴"）！

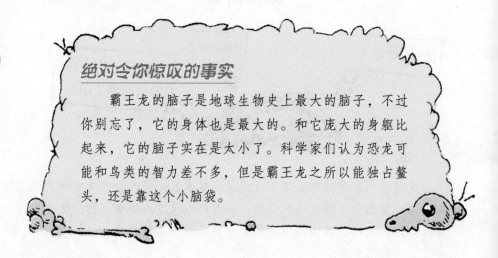

绝对令你惊叹的事实

霸王龙的脑子是地球生物史上最大的脑子，不过你别忘了，它的身体也是最大的。和它庞大的身躯比起来，它的脑子实在是太小了。科学家们认为恐龙可能和鸟类的智力差不多，但是霸王龙之所以能独占鳌头，还是靠这个小脑袋。

在研究了蜥蜴和其他大型恐龙之后，早期的古生物学家们都一致认为：所有的恐龙都是冷血动物。

小脑袋——不用持续思考

体型大——能吸收更多的热量，而且保温时间比较长

庞大的身躯——需要相对少的食物（差不多是温血哺乳动物10%的数量）

移动缓慢——如果是冷血动物，就不需要快速移动，只需晒晒太阳就可以了

恐龙会下蛋——和其他爬行动物一样

但是这些观点在坚持了30年以后，却遭受到了严重的挑战。因为又发现了一种非同寻常的恐龙——细爪龙。它是一种两条腿走路的食肉恐龙，有很大的脑袋和眼睛，这些似乎表明，恐龙可能是一种温血动物。毕竟……

大脑袋——需要保持体温和很好的血液供应，温血可以满足这些

大眼睛——表明可能是一个机警的捕食者

四肢——可以跑得飞快，像现在的哺乳动物和鸟类

爪子和牙齿表明：猎食的本性

温血动物是捕食效率很高的猎手，它可以快速地奔跑，并且能持续奔跑很长时间

你怎么认为？在你下结论之前，最后一个证据可能还需要平衡一下。

如果蜥脚类恐龙是冷血的，那么它需要一个巨大的心脏供应全身的血液，来支持它庞大的身躯、大脑、肺和其他器官。但是，如果它们的心脏是按照现在的爬行动物来设计的话，它们要想不损坏肺就做到全身供血，那是不可能的。

不过，也许蜥脚类恐龙的心脏也是分成两部分的——一部分为肺部供血，另一部分则供给头、身体和四肢。这些正是现在的哺乳动物身上所具备的。

115

是的，但它们都是温血动物。而且我们还发现一种食肉的恐龙叫并合踝龙，它的骨头、血管和现在的哺乳动物、鸟类非常相似。

　　此刻，这个问题看起来还不会被彻底地证明是这样或者那样，然而有一件事情却是肯定的，古生物学家们将继续热烈讨论这个问题。而且在这个问题上，他们将继续冷眼相对，水火不容！

　　虽然还有很多的争论，但是它们比起恐龙的最大秘密来，还是要逊色很多，那就是后来到底发生了什么……

神话的破灭

后来发生了什么呢？

　　为了查实恐龙世界里到底发生了什么惊天动地的大事，还是让我们回到6500万年前，白垩纪晚期……

　　这是北美洲肥沃平原上普通的一天，大群的食草恐龙在小心谨慎地警惕着食肉恐龙的随时来袭。副栉龙的喧嚣声，三角龙的大力咀嚼声，久久在空中回荡。

　　总之，恐龙仍在继续着千百万年来的生活方式。当然，在这段时间中也有一些变化：一些物种灭绝了，只是又被那些进步的更适合环境的物种所代替。当太阳移到地平线的另一侧，恐龙也到了晚上休息的时间了，它们对未来美好的生活很有信心，并没有意识到会有什么事要降临在它们身上……

但是到底发生了什么呢？

曾经，所有科学家们都相信：肯定是发生了什么大事件，才结束了恐龙的存在。在1.5亿年的时间里，恐龙已经向我们充分证明了，它们才是这个星球上最成功的生物。那么，它们一定是被某种突然的神秘的力量席卷而去的。这种力量大得能够让大型的食草恐龙急剧减少，让聪明敏捷的细爪龙也在劫难逃，即便是恐龙中最大、最凶猛的霸王龙，也难免灭顶之灾！

然而，当各种类型的恐龙（连同很多飞行的，海生的爬行动物）一起被席卷走了的时候，其他的小动物，比如哺乳动物、海龟和青蛙却奇迹般地幸存了下来。

更加离奇和难以解释的事实是：海里的鳄鱼也灭绝了，而它们河里的亲戚却活了下来。

这些秘密，就像一块巨石，一直压在古生物学家的心头很多年。正如你所料到的那样，他们也想出了很多稀奇古怪的理论来解释它……

元凶就是便秘，植物的改变给它们的消化系统太大的压力。

 呃！

 归根到底是因为厌烦，它们生存的时间太长了，所以活腻了。

 嘭！我实在受够了！

 无稽之谈！它们显然是被有毒的植物给毒死了。

 晕！

 我的"蛋灭绝论"才是最好的。哺乳动物偷吃了它们的蛋……或者是发生了大规模的虫灾，吃光了所有的植物。

 你打算怎么吃？炒着吃还是水煮？

119

罪魁祸首

也许你不相信上面的任何一个说法，其实大多数人都不相信，古生物学家们又把目光转向了其他可能杀害恐龙的嫌疑犯。你能从下面的选项中找出最可能使恐龙灭绝的罪魁祸首吗？

1. 火山爆发，使地球变热，结果把所有的恐龙蛋都煮熟了。

2. 一次意外的天外来客，坠落到地球上。

3. 大陆板块漂移造成的气候变冷。

4. 紫外线把恐龙的眼睛弄瞎了；植物大量死亡以及严重的干旱。

2。这个观点听起来很不可思议。但很多科学家认为：恐龙的灭绝是由小行星撞击地球造成的。整个太阳系像一个巨大的弹球机器，一些大大小小的岩石——也就是所谓的小行星，在太阳系中不停地旋转。这些石块经常坠落到太阳的行星上，产生灾难性后果。

121

一颗巨大的小行星突然撞击地球，给恐龙们带来了不小的麻烦。科学家们认为：这次碰撞相当于现在地球上所有原子弹爆炸威力的一万倍。在最开始的几个小时里，恐龙将要面对的是：

1. 强烈的地震在地球表面上撕开的大裂缝。

2. 汹涌的潮汐在地球上扩大，覆盖陆地，淹没了恐龙活动的地方。

3. 飓风引起大火，火势迅速蔓延，吞没了树木和森林。

而且这仅仅还只是个开始……

即使一些恐龙能从这场可怕的灾难中幸存下来，仍然有最恐怖的事情在后面等着它们——致命的尘埃物质。

小行星撞击的力量，足够产生巨大的尘埃云，升入大气中。在这段时间里，太阳变得昏暗起来，并很快被彻底遮盖住了。几年之内，地球上变成了永久的黑暗。没有了太阳光，植物就枯萎死去，吃植物的恐龙就无法存活。随着食草恐龙的灭亡，食肉恐龙就失去了食物来源，它们在绝望和互相残杀中慢慢地消亡。任何的冷血动物都会因为气候逐渐变冷，没有了温暖的太阳光，而很快地死去。

122

最后的证据

这真是一个了不起的理论，不是吗？但是直到最近，它还仅仅是一个理论。一直到大约20年前，这个理论还有一个致命的漏洞，没有证据证明一颗巨大的小行星曾经撞击过我们的星球。

但是，这一切在1980年6月被彻底改变了，路易斯·爱奥瓦瑞兹教授和他的儿子宣布了他们几年来的研究成果。

科学家们知道，小行星中普遍含有一种非常特殊的金属物质，叫做铱。这种元素在地球上含量很少。然而，科学家们却从恐龙灭绝的那层地层里，找到了很薄的一层黏土层，并惊奇地发现，里面铱元素的含量异常的高。科学家对此的解释是：这些铱元素一定是来自那次小行星对地球的撞击。

有些人仍然对这个理论将信将疑。

如果地球真的被一个巨大的小行星撞击过，那么撞击坑在哪儿呢？

1996年的一个发现，好像可以回答这个问题，科学家在墨西哥的海岸线发现了一个直径超过200千米的水下的深坑。

相信了吗？还是不能确信？古生物学家们只能寻找更多的线索，提出更合理的解释。坏消息是，如果没有人能发明出一种时间倒流的机器，我们将永远不能确切地知道，到底在恐龙身上发生了什么。好消息是，这意味着对古生物学家们来说，有足够的想象空间供他们提出自己杰出的想法。当然，偶尔也还有一些愚蠢的想法。一种反对"撞击理论"的观点认为：不同种类的恐龙是经过几千万年的时间才灭绝的。实际上，它们不是在一次灾难中同时死亡的。

好消息

恐龙的灭绝，对地球上幸存的动物来说，绝对是个好消息。没有了恐龙，进化的道路突然变得宽广起来，新的物种适应、发

123

展，并最终占据了统治地位。

　　从恐龙的巨大阴影和压迫中走出来的小鼠一样的小哺乳动物，它们可能在恐龙统治地球的时候，没有遇到多大的威胁，而且也很容易被这些大家伙们忽略。但是，经过上亿年的进化，这些小哺乳动物们不但成功地活了下来，而且最终进化成现在地球的统治者——人类。

好了，你们这帮家伙，不要再跟着我了。

结束语

到底有多少种恐龙？它们是温血的还是冷血的？为什么食草恐龙——绘龙，在它的鼻子上的头骨里还有两个小洞？恐龙是怎么灭绝的？

没有人能给出确切的答案，但是正是这些问题，让恐龙探寻者们不停地忙碌着，让古生物学家们为之疯狂。

其实，这些谜团在几千万年前恐龙灭绝的时候，就已经成了千古之谜。但是，它们却仍然天天占据着新闻头条。

似鳄龙——一个伟大的发现

一具11米长的似鳄龙化石，向我们揭示了1亿年前生活在非洲的一种全新的食肉恐龙。似鳄龙尖锐的锥形牙齿，好像专为刺穿皮肤而设计，这让古生物学家们断定它是一种食鱼的恐龙。

125

霸王龙卖了一个令人咋舌的价格

迄今为止最大的霸王龙化石，最近被卖了一个令人咋舌的价格。在纽约的一次拍卖会上，芝加哥野外自然历史博物馆花了840万美元（合500万英镑），买下了这具恐龙遗骸。

巨龙的幼崽

最近，古生物学家在南美洲发现了一处满是巨龙蛋的巢穴。这个面积不足2.5平方千米的地方，有上百枚巨龙下的蛋。古生物学家们还发现：蛋中的恐龙胚胎，有的还有骨头、牙齿和石化了的皮肤。

当恐龙第一次被发现的时候，科学家们曾认为它们又蠢又笨，但是我们现在知道，它们曾经是地球上最成功的一种动物。每一个新发现都向我们展示了一个绝对让人吃惊的事实，而且新的发现肯定会带来新的理论。

　　我们也许可以从恐龙的成功中学到点什么，甚至是从它们的没落中。如果不是这样的话，几百万年以后，也许被研究的将不再是恐龙遗骸，而是我们人类!

"经典科学" 系列（26册）

肚子里的恶心事儿
丑陋的虫子
显微镜下的怪物
动物惊奇
植物的咒语
臭屁的大脑
神奇的肢体碎片
身体使用手册
杀人疾病全记录
进化之谜
时间揭秘
触电惊魂
力的惊险故事
声音的魔力
神秘莫测的光
能量怪物
化学也疯狂
受苦受难的科学家
改变世界的科学实验
魔鬼头脑训练营
"末日"来临
鏖战飞行
目瞪口呆话发明
动物的狩猎绝招
恐怖的实验
致命毒药

"经典数学" 系列（12册）

要命的数学
特别要命的数学
绝望的分数
你真的会＋－×÷吗
数字——破解万物的钥匙
逃不出的怪圈——圆和其他图形
寻找你的幸运星——概率的秘密
测来测去——长度、面积和体积
数学头脑训练营
玩转几何
代数任我行
超级公式

"科学新知" 系列（17册）

破案术大全
墓室里的秘密
密码全攻略
外星人的疯狂旅行
魔术全揭秘
超级建筑
超能电脑
电影特技魔法秀
街上流行机器人
美妙的电影
我为音乐狂
巧克力秘闻
神奇的互联网
太空旅行记
消逝的恐龙
艺术家的魔法秀
不为人知的奥运故事

"自然探秘" 系列（12册）

惊险南北极
地震了！快跑！
发威的火山
愤怒的河流
绝顶探险
杀人风暴
死亡沙漠
无情的海洋
雨林深处
勇敢者大冒险
鬼怪之湖
荒野之岛

"体验课堂" 系列（4册）

体验丛林
体验沙漠
体验鲨鱼
体验宇宙

"中国特辑" 系列（1册）

谁来拯救地球